煤矿生产安全知识普及读本

煤矿掘进安全知识

袁河津　主编

中国劳动社会保障出版社

图书在版编目(CIP)数据

煤矿掘进安全知识/袁河津主编. —北京：中国劳动社会保障出版社，2011

煤矿生产安全知识普及读本

ISBN 978-7-5045-8911-8

Ⅰ.①煤… Ⅱ.①袁… Ⅲ.①煤矿开采-巷道掘进-安全技术-普及读物 Ⅳ.①TD263.2-49

中国版本图书馆 CIP 数据核字(2011)第 041938 号

中国劳动社会保障出版社出版发行

(北京市惠新东街 1 号　邮政编码：100029)

出 版 人：张梦欣

*

北京市艺辉印刷有限公司印刷装订　新华书店经销

850 毫米×1168 毫米　32 开本　9.375 印张　190 千字

2011 年 5 月第 1 版　2011 年 5 月第 1 次印刷

定价：26.00 元

读者服务部电话：010-64929211/64921644/84643933

发行部电话：010-64961894

出版社网址：http://www.class.com.cn

内容简介

本书为“煤矿生产安全知识普及读本”之一，内容包括煤矿安全生产方针和法律法规，矿井通风和瓦斯、粉尘及火灾防治基本知识，矿井防治水和顶板管理基本知识，掘进工作面安全基本知识，掘进工人安全作业知识，掘进机司机安全操作知识，自救、互救和现场急救知识等内容。

本书内容全面、通俗易懂，并配有大量的事故案例和插图进行深入浅出的讲解，可作为班组安全生产教育培训的教材，也可供煤矿安全生产管理人员参考使用。

本书由正高级工程师袁河津主编，河北省开滦集团技术中心赵建立高级工程师、河北省开滦集团安培中心安树峰高级工程师和姬光喜工程师担任副主编，河北能源职业技术学院郭劲夫、高静和河北省唐山市博仁科技有限公司李菲插图。

前言

近年来，由于全国煤炭行业深入学习实践科学发展观，坚持“安全第一、预防为主、综合治理”的安全生产方针，全国煤矿安全生产事故发生率明显下降。2008 年全国原煤产量达到 27.2 亿吨，同比增长 7.5%，而煤矿事故总量在连续两年下降幅度超过 20% 的基础上，事故起数和死亡人数同比下降 19.3% 和 15.1%；百万吨死亡率 1.182，同比下降 20.4%。但是，由于煤矿作业条件特殊，安全管理存在漏洞，特别是部分煤矿企业职工安全素质较低，造成目前煤矿事故总量和百万吨死亡率仍偏高，重、特大事故还时有发生，我国煤矿安全生产形势依然严峻。

班组是企业的“细胞”，是最基本的生产单位，班组安全则企业安全。煤矿企业安全管理要以班组作为出发点和落脚点，并贯穿班组工作的全过程为适应煤矿班组安全生产教育培训的需要，提高职工的综合安全素质，促进煤矿安全生产形势进一步好转，中国劳动社会保障出版社特组织编写了“煤矿生产安全知识普及读本”。

本套丛书主要有以下特点：一是具有权威性。本套丛书的作者均为长期从事煤矿安全生产管理工作的专业人员，他们具有扎实的理论知识，又具有丰富的现场经验。二是针对性强。本套丛书在介绍安全生产基础知识的同时，以作业方向为模块进行分类，并采用问答形式编写，每分册只讲与本作业方向相关的知识，因而内容更加具体，更有针对性。班组在不同时期可以选择不同作业方向的分册进行学习，或者在同一时期选择不同分册组合形成一套适合本作业班组的教材。

本套丛书面向煤矿企业基层班组，针对一线职工，注重实用性和系统性，语言通俗易懂，图文并茂、案例翔实，可作为煤矿企业班组安全生产教育培训的教材，也可供煤矿安全生产管理人员参考使用。

本套丛书在编写过程中得到了有关单位、部门和人员的大力支持和帮助，同时还参考了大量文献，在此一并表示感谢！

目录

1. 我国煤矿安全生产现状如何?

煤矿作为高危行业之一，安全生产始终是生产领域中的头等大事，党中央、国务院对煤矿的安全生产工作历来十分重视。近年来，煤矿安全形势总体趋于好转。

但是，由于煤矿井下生产条件比较特殊，除了生产过程复杂、环节繁多、条件恶劣和场所移动以外，还受到水、火、瓦斯、煤与瓦斯突出、煤尘、顶板和冲击地压等自然灾害的严重威胁；加上技术装备水平比较落后，职工队伍素质不高，安全管理薄弱，一些单位和私营矿主在趋利思想支配下，忽视安全和职工健康，短期行为表现突出。所以，造成煤矿重、特大事故时有发生，事故总量很大，安全隐患仍然比较突出，煤矿安全生产形势依然十分严峻。

2007 年全国煤矿死亡人数 3 786 人、百万吨死亡率 1.485，分别比 2006 年下降 20.2%和 27.2%。2008 年全国煤矿事故总量比 2007 年实际下降 1.4%，较大事故、重特大事故起数下降 3%，其中煤矿死亡人数下降 2%。

◎真实案例

2009 年 11 月 21 日 1 点 30 分，黑龙江某煤矿三水平南二石门后组 15 号煤层探煤巷发生煤与瓦斯突出，引起风流逆向，瓦斯随逆向风流进入二段钢带机机头硐室，2 点 19 分发生爆炸。事故发生时全矿井下作业人员 528 人，有 420 人安全升井，造成 108 人死亡，133 人受伤（其中 6 人重伤），直接经济损失 5 616.65 万元。

2. 安全在煤矿生产中的地位和作用是什么？

俗话说，煤矿安全为天，安全是煤矿生产中的头等大事。我们可以从以下五个方面去思考和评价。

（1）自然灾害的复杂性。煤矿生产除了一般工业生产具备的自然灾害以外，同时存在着水、火、瓦斯、煤尘和顶板等事故的严重威胁。

（2）伤亡事故的危害性。在我国铁路、冶金、建筑、纺织、化工、石油、建材、有色金属、地质、轻纺、电力和煤炭 12 类产业中，煤炭行业事故发生最频繁，伤亡数最高，每年事故死亡人数超过其他 11 类产业的总和。我国煤产量占世界的 1/5，而死亡人数却占 4/5。

（3）职业病危害的严重性。据2001年资料统计，全国煤矿职工尘肺病患者22.7万人，占全国各行业尘肺病人总数的39.9%。20世纪90年代每年大约有3 000人死于尘肺病，至2001年底累计死亡135 951人。因尘肺病造成的直接经济损失高达数十亿元。此外，风湿病、腰肌劳损等职业性疾病在煤矿也十分普遍。

（4）事故经济损失巨大。每发生一起煤矿事故，都要付出数目巨大的抢救费、医疗费、抚恤费和子女养育费等，如2005年2月14日辽宁省某煤矿发生一起特别重大瓦斯爆炸事故，造成214人死亡，30人受伤，直接经济损失达4 968.9万元。又如1984年6月2日河北省某煤矿发生一起奥灰水淹井灾害，造成多家相邻煤矿停产，导致全国煤炭供给紧张。该矿停产1年多，恢复生产费用达5亿元。

（5）影响煤矿秩序稳定。煤矿安全问题是煤炭生产发展的严重障碍之一。同时，解决安全问题具有深远的政治意义，对维护改革、发展、稳定的大局，体现社会主义制度的优越性，密切党和群众的关系，提高人民群众主人翁地位，构建和谐社会都至关重要。

◎真实案例

2004年11月28日7点06分，陕西省铜川矿务局某煤矿发生特大瓦斯爆炸事故，造成166人死亡，45人受伤，直接经济损失4 165.9万元。

3. 新时期我国煤矿安全生产方针的内容是什么？

煤矿安全生产方针是党和国家对煤矿安全工作提出的总要求

和指导原则，它为煤矿安全生产工作指明了方向。所以，所有煤矿企业都必须认真贯彻落实煤矿安全生产方针。

1996 年 12 月 1 日起实施的《煤炭法》中明确规定：煤矿企业必须坚持安全第一、预防为主的安全生产方针。

党和政府对安全生产工作非常重视。2005 年提出安全生产要贯彻“安全第一，预防为主，综合治理”的方针。这一方针反映了党对安全生产规律的新认识，对于指导社会主义市场经济和改革开放新时期的安全生产工作意义深远而重大。

新时期安全生产方针比以往的提法增加了“综合治理”四个字，是对安全生产方针的充实、丰富和发展，它既继承了以往的精华，又进行了发展；既适应了当前安全生产新形势的迫切要求，又为未来安全生产工作拓展了空间，对于指导新时期的安全生产工作意义深远而重大。

4. 煤矿从业人员应享有哪些安全生产权利？

煤矿从业人员应享有以下五方面安全生产权利：

（1）煤矿企业与从业人员订立的劳动合同，应当载明有关保障从业人员劳动安全、防止职业危害，以及依法为从业人员办理工伤保险等事项。

（2）煤矿企业从业人员有权了解其作业场所和工作岗位存在的危险因素、防范措施及事故应急措施，有权对本单位的安全生产工作提出建议。

（3）从业人员有权对本单位安全生产工作中存在的问题提出批评、检举和控告，有权拒绝违章指挥和强令冒险作业。

（4）从业人员发现直接危及人身安全的紧急情况时，有权停止作业或采取可能的应急措施后撤离作业场所。

（5）因生产安全事故受到损害的从业人员，除依法享有工伤保险外，依照有关民事法律有获得赔偿权利的，有权向本单位提出赔偿要求。

5. 煤矿从业人员应履行哪些安全生产义务?

煤矿从业人员应履行以下四方面安全生产义务：

（1）从业人员应当接受安全生产教育和培训，掌握所需的安全生产知识，提高安全生产操作技能，增强事故预防和应急处理能力。

（2）从业人员在生产劳动过程中，应当严格遵守本单位的安全生产规章制度、操作规程及安全技术措施；要服从班组长的管理，听从班组长的安排，维护班组长的威信。

（3）从业人员上岗时要正确佩戴和使用劳动防护用品。劳动防护用品是保护从业人员在劳动过程中安全与健康的一种防御性装备。不同的劳动防护用品有其特定的佩戴和使用规则、方法，只有正确佩戴和使用，才能真正起到防护作用，煤矿企业为从业人员提供符合国家标准或行业标准的劳动防护用品后，从业人员有义务正确佩戴和使用。

（4）从业人员发现事故隐患或其他不安全因素，应当立即向现场安全生产管理人员或本单位负责人报告，同时，在保证自身安全前提下，积极消除灾害、处理事故，并对创伤人员进行现场急救。

6. 煤矿安全生产法律法规的作用是什么?

随着改革开放的不断深入，我国逐步进入法治社会，煤矿安全生产法律法规体系基本形成。煤矿企业从业人员一定要学习煤矿安全生产法律法规知识，从而做到知法、懂法和依法办事。煤矿安全生产法律法规的作用有以下五方面。

(1) 具体体现了国家对煤矿安全生产工作的各项要求。

(2) 是煤矿在安全生产管理方面一切行为的准则，使煤矿生产建设有法可依、有章可循，以保障煤矿的安全生产和正常的工作秩序。

(3) 用来加强煤矿职工的法制观念，限制违章、惩罚犯罪、教育人们吸取教训，鼓励职工自觉遵纪守法，以达到最大限度地防治煤矿各种灾害的目的。

(4) 有利于保护煤矿职工安全监督的民主权利，更好地发动群众，用群众管理的方法搞好安全生产。

(5) 有利于煤矿职工运用法律武器，捍卫自己的合法权益。

◎真实案例

2008 年 7 月 21 日，广西某煤矿发生特别重大透水事故，造成 36 人死亡，直接经济损失 989 万元。这是一起由于安全管理不到位、现场管理混乱、违规组织生产而导致的责任事故。27 名事故责任人受到责任追究。其中，煤矿党委书记、常务副矿长李××等 4 名事故责任人被移送司法机关依法追究刑事责任；给予矿务局副局长卢××、常务副市长梁×等 23 名事故责任人党纪、政纪处分。依法对事故企业罚款 400 万元。

7. 目前有哪些与煤矿安全生产相关的法律法规?

目前，随着我国法制体系建设不断完善，在煤矿安全生产方面颁布实施了一系列相关的法律法规。它们主要有：

(1)《安全生产法》。它是我国第一部全面规范安全生产的综合性法律。自2002年11月1日起施行。

(2)《劳动法》。其立法目的是为了保护劳动者的合法权益，调整劳动关系，建立和维护适应社会主义市场经济的劳动制度，促进经济发展和社会进步。自1995年1月1日起施行。

(3)《矿山安全法》。它是我国第一部专门的矿山安全法律。自1993年5月1日起施行。

(4)《煤炭法》。它是我国第一部全面规范煤炭生产经营活动的综合性法律。自1996年12月1日起施行。

(5)《煤矿安全监察条例》。它的颁布实施是煤矿安全监察法制建设历程中具有开创性的里程碑。自2000年12月1日起施行。

(6)《职业病防治法》。其立法目的是为了预防、控制和消除职业病危害，防治职业病，保护劳动者健康及其相关权益，促进经济发展。自2002年5月1日起施行。

(7)《工伤保险条例》。其立法目的是为了保障因工作遭受事故伤害或者患职业病的职工获得医疗救治和经济补偿，促进工伤预防和职业康复，分散用人单位的工伤风险。自2004年1月1日起施行。2010年12月8日，国务院办公会议通过了新修订的《工伤保险条例》，新条例自2011年1月1日起实施。

(8)《关于预防煤矿生产安全事故的特别规定》。该规定的贯彻执行能够把煤矿安全生产的关口前移，及时发现并排除煤矿安全生产隐患，落实煤矿安全生产责任，预防煤矿生产安全事故的发生，保障职工的生命安全和煤矿安全生产。自 2005 年 9 月 3 日起施行。

(9)《中华人民共和国刑法修正案（六）》。新修正的《刑法》加重了对生产安全事故犯罪的刑事处罚力度。自 2006 年 6 月 29 日起施行。

(10)《煤矿生产安全事故报告和调查处理条例》。其立法目的是为了规范煤矿生产安全事故的报告和调查处理，落实生产安全事故责任追究制度，防止和减少煤矿生产和安全事故。自 2008 年 12 月 11 日起施行。

(11)《〈生产安全事故报告和调查处理条例〉罚款处罚暂行规定》。它是对《生产安全事故报告和调查处理条例》中罚款处罚的有关规定。自 2007 年 7 月 12 日起施行。

(12)《关于进一步加强安全生产工作的决定》。2010 年 7 月 23 日，国务院《关于进一步加强企业安全生产工作的通知》正式公布。这是继 2004 年《关于进一步加强安全生产工作的决定》之后，国务院关于加强安全生产工作出台的又一个重要文件。这份通知从企业安全管理、技术保障、监督管理、应急救援、行业安全准入、政策引导、经济发展方式转变、考核和责任追究等方面，对安全生产工作提出了新的更高要求。

通知在很多方面都有针对性地提出了新对策、新举措，如对隐患治理和事故查处实行挂牌督办，落实企业安全生产主体责任，强化安监部门综合监管职责、相关部门监督管理职责，高危行业企业准入安全标准前置、扶持发展安全产品装备产业，建立国家矿山应急救援基地和队伍，提高事故死亡赔偿标准等。这个文件将对我国加强企业安全生产，从根本上提高企业的安全生产水平，促进全国安全生产形势稳定好转具有十分重要的意义。

（13）十项制度创新：

1）重大隐患治理和重大事故查处督办制度。对重大安全隐患治理实行逐级挂牌督办、公告制度，国家相关部门加强督促检查；对事故查处实行层层挂牌督办，重大事故查处由国务院安委会挂牌督办。

2）领导干部轮流现场带班制度。要求企业负责人和领导班子成员要轮流现场带班，其中煤矿和非煤矿山要有矿领导带班并与工人同时下井、升井。对发生事故而没有领导干部现场带班的，要严肃处理。

3）先进适用技术装备强制推行制度。对安全生产起到重要支撑和促进作用的安全生产技术装备，规定推广应用到位的时限要求，其中煤矿“六大系统”要在 3 年之内完成。逾期未安装的，要依法暂扣安全生产许可证和生产许可证。

4）安全生产长期投入制度。规定企业在制定财务预算中必须确定必要的安全投入，落实地方和企业对国家投入的配套资金，研究提高高危行业安全生产费用提取下限标准并适当扩大范围，加强道路交通事故社会救助基金制度建设，积极稳妥推行安全生产责任保险制度等。

5）企业安全生产信用挂钩联动制度。规定要将安全生产标准化分级评价结果作为信用评级的重要考核依据；对发生重特大事故或一年内发生 2 起以上较大事故的，一年内严格限制新增项目核准、用地审批、证券融资等，并作为银行贷款的重要参考依据。

6）应急救援基地建设制度。规定先期建设 7 个国家矿山救援队，配备性能先进、机动性强的装备和设备；明确进一步推进 6 个行业领域的国家救援基地和队伍建设。

7）现场紧急撤人避险制度。赋予企业生产现场带班人员、班组长和调度人员在遇到险情第一时间下达停产撤人命令的直接决策权和指挥权。

8）高危企业安全生产标准核准制度。规定加快制定、修订各行业的生产、安全技术和高危行业从业人员资格标准，要把符合安全生产标准要求作为高危行业企业准入的前置条件，严把安全准入关。

9）工伤事故死亡职工一次性赔偿制度。规定提高赔偿标准，对因生产安全事故造成的职工死亡，其一次工亡补助标准调整为按全国上一年度城镇居民人均可支配收入的 20 倍计算。

10）企业负责人职业资格否决制度。规定对重大、特别重大事故负有主要责任的企业，其主要负责人，终身不得担任本行业企业的矿长（厂长、经理）。

（14）十个方面完善：

1）强化隐患整改效果，要求做到整改措施、责任、资金、时限和预案“五到位”，实行以安全生产专业人员为主导的隐患整改效果评价制度。强调企业要每月进行一次安全生产风险分析，建立预警机制。

2）要求全面开展安全生产标准化达标建设，做到岗位达标、专业达标和企业达标，并强调通过严格生产许可证和安全生产许可证管理，推进达标工作。

3）加强安全生产技术管理和技术装备研发，要求健全机构，配备技术人员，强化企业主要技术负责人技术决策和指挥权；将安全生产关键技术和装备纳入国家科学技术领域支持范围和国家“十二五”规划重点推进。

4）安全生产综合监管、行业管理和司法机关联合执法，严厉打击非法、违法生产经营和建设，取缔非法企业。

5）强化企业安全生产属地管理，对当地，包括中央和省属企业安全生产实行严格的监督检查和管理。

6）积极开展社会监督和舆论监督，维护和落实职工对安全生产的参与权与监督权，鼓励职工监督举报各类安全隐患。

7）严格限定对严重违法、违规行为的执法裁量权，规定对企业“三超”（超能力、超强度、超定员）组织生产的、无企业负责人带班下井或该带班而未带班的，要求按有关规定的上限处罚；对以整合、技改名义违规组织生产的、拒不执行监管指令的、违反建设项目“三同时”规定和安全培训有关规定的等，要依法加重处罚。

8）进一步加强安全教育培训，鼓励进一步扩大采矿、机电、地质、通风、安全等专业技术和技能人才培养。

9）强化安全生产责任追究，规定要加大重、特大事故的考核权重，发生特别重大生产安全事故的，要视情节追究地级及以上政府（部门）领导的责任；加大对发生重大和特别重大事故企业负责人或企业实际控制人以及上级企业主要负责人的责任追究力度；强化打击非法生产的地方责任。

10）强调要结合转变经济发展方式，就加快推进安全发展、强制淘汰落后技术产品、加快产业重组步伐提出了明确要求。这充分体现了安全生产与经济社会发展密不可分、协调推进的要求，通过不断提高生产力发展水平，从根本上促进企业安全生产水平的提高。

8. 修订后的《防治煤与瓦斯突出规定》有哪些内容？

《防治煤与瓦斯突出规定》已经 2009 年 4 月 30 日通过，自 2009 年 8 月 1 日起施行，原煤炭工业部 1995 年 1 月 25 日发布的《防治煤与瓦斯突出细则》同时废止。《防治煤与瓦斯突出规定》共七章、124 条。包括以下内容：

（1）总则，共 7 条。

（2）一般规定，共 25 条。

（3）区域综合防突措施，共 26 条。

（4）局部综合防突措施，共 48 条。

（5）防治岩石与二氧化碳（瓦斯）突出措施，共 5 条。

（6）罚则，共 12 条。

（7）附则，共 1 条。

（8）附录 A、B、C、D、E。

9. 《煤矿防治水规定》修订后有哪些内容？

《煤矿防治水规定》2009 年 8 月 17 日经国家安全生产监督

管理总局局长办公会议审议通过，自 2009 年 12 月 1 日起施行。1984 年 5 月 15 日原煤炭工业部颁发的《矿井水文地质规程》（试行）和 1986 年 9 月 9 日原煤炭工业部颁发的《煤矿防治水工作条例》（试行）同时废止。

《煤矿防治水规定》共有十章、142 条。包括以下内容：

（1）总则，共 10 条。

（2）矿井水文地质类型划分及基础资料，共 9 条。

（3）水文地质补充调查与勘探，共 21 条。

（4）矿井防治水，共 47 条。

（5）井下探放水，共 14 条。

（6）水体下采煤，共 7 条。

（7）露天煤矿防治水，共 6 条。

（8）水害应急救援，共 15 条。

（9）罚则，共 11 条。

（10）附则，共 2 条。

（11）附录一、二、三、四、五、六。

10. 申报国家级安全质量标准化煤矿必须具备哪些条件？

国家安全生产监督管理总局、国家煤矿安全监察局 2009 年 8 月 8 日下发的《关于印发国家级安全质量标准化煤矿考核办法（试行）的通知》（安监总煤行［2009］150 号）中规定，申报国家级安全质量标准化煤矿必须具备以下条件：

（1）依法取得“六证”（采矿许可证、煤矿安全生产许可证、煤炭生产许可证、矿长资格证、矿长安全资格证、营业执照）且在有效期内的生产煤矿（井工煤矿和露天煤矿）。

（2）符合国家煤炭产业政策规定的区域煤矿生产规模。

（3）连续两年被评为一级安全质量标准化煤矿。

（4）连续两年未发生原煤生产死亡和重大涉险事故。

（5）采掘机械化程度分别达到：井工煤矿采煤机械化程度，薄煤层不低于45%，中厚煤层、厚煤层不低于95%；掘进装载机械化程度不低于90%；露天煤矿采剥机械化程度100%。

（6）生产布局合理，接续正常。开拓、准备、回采三个煤量可采期符合国家有关规定；采区和工作面开采顺序、采煤方法符合《煤矿安全规程》规定；井工煤矿采区和采煤工作面回采率、露天煤矿采出率符合国家规定。

（7）调度通信、生产管理实现计算机网络化管理；矿井装备安全监控系统符合《煤矿安全监控系统及检测仪器使用管理规范》（AQ1029—2007）规定。

（8）建立健全劳动定员管理制度，矿井作业人员管理系统符合《煤矿井下作业人员管理系统使用与管理规范》（AQ1048—2007）规定。

（9）安全培训机构、人员、经费满足安全教育培训和提升职工专业素质需要，做到培训制度化；全员教育培训率100%；主要负责人、安全生产管理人员、特种作业人员持证上岗率100%。

（10）井工煤矿按规定建立瓦斯抽采系统，抽采效果达到《煤矿瓦斯抽采基本指标》（AQ1026—2006）规定；计划回采煤量未超过瓦斯抽采达标煤量。

（11）未使用国家明令禁止的采煤工艺、支护方式和设备、材料；设备完好率达到95%及以上；无电气设备失爆。

（12）严格按照核定（或设计）生产能力均衡生产。全年产量未超过核定生产能力。

（13）安全费用提取、使用和管理符合《煤炭生产安全费用提取和使用管理办法》（财建［2004］119号）和《关于调整煤炭生产安全费用提取标准加强煤炭生产安全费用使用管理与监督的通知》（财建［2005］168号）规定。风险抵押金的存储和使用符合《煤矿企业安全生产风险抵押金管理暂行办法》（财建［2005］918号）规定。

（14）建立健全隐患排查和治理制度，能按照《安全生产事故隐患排查治理暂行规定》（国家安全监管总局令第16号）进行隐患排查和治理；治理重大隐患的资金和人力投入有保障，能按规定和时限要求完成治理。

11. 国家级安全质量标准化煤矿如何进行考核？

（1）每年组织一次国家级安全质量标准化煤矿考核。

（2）符合国家级安全质量标准化条件的煤矿，按行政隶属关系，分别向市（地、州、盟）负有煤矿安全质量标准化工作职责的部门（以下简称市级标准化工作部门）或集团公司申报；有关部门和集团公司按照本办法规定进行审核，审核合格后，报省（市、区及新疆生产建设兵团）负有煤矿安全质量标准化工作职责的部门（以下简称省级标准化工作部门）。

（3）各省级标准化工作部门接到申报材料后，按本办法规定采取书面和现场抽查的方式进行审核，审核合格的，征求相关省级煤矿安全监察机构意见后，于每年的 2 月 15 日前将上一年度初审结果以正式文件（附申报表和相关材料）报国家煤矿安监局。中央企业所属煤矿的申报，按照属地管理原则，一并纳入所在省（市、区）范围。省级标准化工作部门对中央企业所属煤矿组织国家级安全质量标准化现场抽查审核时，应会同该煤矿的上一级公司共同进行。

（4）国家煤矿安监局组织专家，采取书面审查与现场抽查相结合的方式，对各省级标准化工作部门上报的国家级安全质量标准化煤矿进行审核。

（5）通过审核的煤矿，在国家安全生产监督管理总局、国家煤矿安监局政府网站予以公示，广泛征求意见。公示时间 15 天，公示期满无异议的，国家安全生产监督管理总局、国家煤矿安监局予以命名表彰。

（6）考核验收过程中发现存在重大安全生产隐患，以及审核、公示期间申报煤矿发生死亡事故的，取消申报资格。

（7）申报煤矿及其上级管理单位必须如实申报，如发现弄虚作假，除取消该矿当年申报资格外，3 年内不得再次申报。

12. 煤矿十五种重大安全生产隐患和行为是什么？

2005 年 9 月 3 日颁布的《国务院关于预防煤矿生产安全事故的特别规定》中列举了危及煤矿安全生产的 15 种隐患和行为。它们是：

（1）超能力、超强度或超定员组织生产的。

（2）未按规定检测瓦斯及瓦斯超限作业的。

（3）煤与瓦斯突出矿井未按照规定实施防突措施的。

（4）高瓦斯矿井未建立瓦斯抽放系统和监控系统，或者监控系统不能正常运行的。

（5）通风系统不完善、不可靠的。

（6）有严重水患未采取措施的。

（7）超层越界开采的。

（8）有冲击地压危险未采取有效措施的。

（9）自然发火严重未采取有效措施的。

（10）使用明令禁止使用或者淘汰的设备、工艺的。

（11）年产 6 万吨以上的煤矿没有双回路供电系统的。

（12）新建煤矿边建设边生产，煤矿改、扩建期间在改、扩建的区域生产；或者在其他区域的生产超出安全设计规定范围和规模的。

（13）煤矿实行整体承包生产经营后，未重新取得安全生产许可证和煤炭生产许可证从事生产的；或者承包方再次转包的，以及煤矿将井下采掘工作面和井巷维修作业进行劳务承包的。

（14）煤矿改制期间未明确安全生产责任人和安全管理机构的；或者在完成改制后未重新取得或者变更采矿许可证、安全生产许可证、煤炭生产许可证和营业执照的。

（15）有其他重大安全生产隐患的。

存在以上隐患和行为的，应当立即停止生产，排除隐患。

13. 煤矿从业人员三级安全教育培训的内容是什么？

煤矿新工人入矿后必须进行以下三级安全教育培训：

(1) 入矿教育。新入矿的工人必须接受入矿安全教育。入矿教育主要内容有：煤矿安全生产方针和基本法律法规，煤矿安全的特殊性，本矿安全生产的基本状况，矿内特殊危险地点介绍；一般入矿安全须知和预防事故的基本知识。

(2) 车间、区队教育。新工人接受入矿教育后，分配到车间、区队时所接受的安全教育。车间、区队教育主要内容有：本车间、区队安全生产情况，劳动纪律和生产规则，必须遵守的安全规章制度、安全注意事项，车间、区队的危险区域，尘毒危害情况等。

(3) 岗位教育。岗位教育是新工人到达岗位开始作业前，在班组所接受的安全教育。岗位教育主要内容有：班组安全生产概况，工作性质和职责范围，机械设备的安全操作方法，各种防护设施的性能和作用，作业地点可能出现的安全隐患、事故的预防和控制方法，发生事故时的安全撤退路线和紧急救灾措施；个体防护用品的使用方法等。

14. 贯彻实施《煤矿安全规程》的意义是什么?

(1)《煤矿安全规程》是煤炭工业主管部门制定的在安全管理，特别是在安全技术上总的规定，是煤炭工业贯彻落实《安全生产法》《矿山安全法》《煤炭法》和《煤矿安全监察条例》等安全法律法规的具体体现。

(2)《煤矿安全规程》是保障煤矿职工安全与健康，保护国家资源和财产不受损失，促进煤炭工业健康发展必须遵循的准则。

（3）《煤矿安全规程》是煤矿职工从事生产和指挥生产最重要的行为规范。

所以，全国所有煤矿企、事业单位及其主管部门都必须严格执行《煤矿安全规程》。

15.《煤矿安全规程》的内容有哪些?

《煤矿安全规程》有四编及附则，共 20 章 751 条，具体包括以下内容。

（1）第一编为总则，共 14 条。在第一编中规定了煤矿必须遵守的有关安全生产的法律法规、规章、规程、标准和技术规范；建立各类人员安全生产责任制；明确职工有权制止违章作业、拒绝违章指挥。

（2）第二编为井工部分，共 10 章 519 条。在二编中规定了井下采煤有关开采、一通三防、防治水、机电运输、爆破作业以及煤矿救护等所涉及的安全生产行为标准。

（3）第三编为露天部分，共 8 章 204 条。在第三编中规定了露天开采所涉及的安全生产行为标准。

（4）第四编为职业危害，共 2 章 13 条。在第四编中规定了职业危害的管理、监测及健康监护的标准。

（5）附则有 1 条。

16.《煤矿安全规程》的特点是什么?

《煤矿安全规程》有以下四个特点：

（1）强制性。《煤矿安全规程》是煤矿安全法律法规体系的组成部分，所有煤矿企、事业单位和职工的生产行为都不能与之相背离，否则，视情节或后果严重程度给予行政处分、经济处罚直至由司法机关追究其刑事责任。

（2）规范性。《煤矿安全规程》规定了煤矿生产建设中哪些行为被允许，哪些行为被禁止，哪些行为是必须的，哪些行为是采取什么措施后才允许的，具有很强的规范性。同时，它也是认定煤矿事故性质和应承担法律责任的重要依据。

（3）科学性。《煤矿安全规程》是长期煤炭生产经验和科学研究成果的总结，是广大煤矿职工智慧的结晶，也是煤矿职工用生命和汗水换来的教训，它的每一条规定都是在某种特定条件下可以普遍适用的行为规则。

（4）稳定性。《煤矿安全规程》在一段时期内相对稳定，不得随意修改。经执行一定时间后再由国家安全生产监督管理总局和国家煤矿安全监察局负责组织修订。

17. 制定、贯彻《作业规程》有什么具体规定？

在制定、贯彻《作业规程》时应遵守以下四方面具体规定：

（1）每一个采掘工作面开工以前，必须按照一定程序、时间和要求，坚持“一个工作量一个规程”的原则编写《作业规程》，不得沿用、套用其他采掘工作面的《作业规程》，严禁无《作业规程》组织采掘生产工作。

（2）采掘工作面《作业规程》的贯彻学习，必须在工作面采煤和掘进施工以前完成。由施工单位负责人组织施工人员学习，由编制该规程的工程技术人员负责贯彻。参加学习的施工人员必须经考试合格后方可上岗作业。考试的成绩应登记在该规程的贯彻学习记录簿上，并由本人签名，存入本单位的安全培训档案。考试成绩不合格的，要进行补充贯彻和补考。

（3）从开工之日起，应至少每月重新学习一次《作业规程》。遇到工作面的地质、施工条件发生变化，必须及时补充修改安全技术措施。补充的安全技术措施也必须履行审批和贯彻程序。

（4）对于违反《作业规程》所造成的各类事故，要坚持“四不放过”的原则，即事故原因没查清不放过，事故责任者没受到处理不放过，事故责任者和群众没受到教育不放过，整改措施没落实不放过。严格进行追查处理，还要对《作业规程》进行补课学习。

18. 为什么必须熟悉并掌握《操作规程》?

（1）《操作规程》的性质。《操作规程》是煤矿企、事业单位或其主管部门根据《煤矿安全规程》和有关质量标准等文件的规定，结合岗位工人的工作环境条件和使用的工具设备等具体情况，以保证人员、设备的安全为目的而编制，指导工人在本岗位进行生产工艺操作的行为标准，具有法规性质。

（2）《操作规程》的基本内容。《操作规程》的基本内容一般包括一般规定、准备、检查和处理、操作和注意事项，以及工作收尾等部分。每一部分都对岗位工人生产作业中的具体操作程序、方法、安全注意事项等做了具体、明确的规定。

（3）必须熟悉并掌握《操作规程》。现场作业人员只有严格按本工种、本岗位的《操作规程》去操作、作业，才能保证人员、设备和设施的安全，保证生产的正常进行。违反《操作规程》就可能导致事故发生，造成设备、设施损坏，人员伤亡，生产中断，甚至发生矿井重大灾害事故，所以，煤矿从业人员必须熟悉并掌握《操作规程》，严格执行本工种、本岗位的《操作规程》。

19. 贯彻执行煤矿灾害预防和处理计划有什么要求?

(1) 煤矿灾害预防和处理计划的编制内容：

1) 根据本矿具体条件进行事故预计。

2) 预防事故发生的主要措施。

3) 事故发生后，参加处理事故的人员组成及分工、通知方法和顺序等。

4) 事故发生后，安全撤出灾区人员的措施和避难措施。

5) 对事故进行抢救处理的措施。

(2) 煤矿灾害预防和处理计划的贯彻执行：

1) 编制的“计划”由矿长组织实施，要组织全体从业人员和矿山救护队学习，使每一名员工都熟知“计划”内容，熟悉井下避灾路线，掌握在井下进行自救的措施及正确使用自救器的方法。

2) 每年必须至少组织 1 次矿井救灾演习，在预想事故的地点，按“计划”要求，有目的、有计划、有组织地进行演习。

3) 每季度应根据具体情况进行修改、制定补充措施，同时要重新贯彻、组织学习。

20. 违反煤矿安全生产法律法规要追究哪些责任?

违反煤矿安全生产法律法规主要追究以下三种责任：

(1) 行政责任。行政责任是由国家行政机关对违反煤矿安全生产法律法规的单位和个人追究的责任。

1) 行政处罚：包括警告、罚款、没收违法所得、责令改正、责令限期改正、责令停止违法行为、责令停产停业整顿、责令停产停业、责令停止建设、拘留、关闭、吊销有关证照及安全生产法律法规、行政法规规定的其他形式。

2) 行政处分：包括警告、记过、记大过、降级、降职、撤职、留用察看和开除 8 种形式。

(2) 刑事责任。刑事责任是对触犯国家《刑法》的责任者所追究的责任。我国《刑法》规定，刑罚的种类有管制、拘役、有期徒刑、无期徒刑和死刑 5 种主刑，还有罚金、剥夺政治权利和没收财产 3 种附加刑。

(3) 民事责任。民事责任是违反民事义务、侵害他人合法权益而依法应该承担的责任。民事责任有多种形式，在安全生产中主要是“赔偿损失”的形式。

◎真实案例

2009 年 5 月 30 日 10 点 55 分，重庆市某煤矿发生特别重大煤与瓦斯突出事故，造成 30 人死亡、79 人受伤，直接经济损失 1 219 万元。

这是一起由于事故发生单位及施工单位执行国家有关安全生产法律法规不力，安全生产责任和防突措施不落实，管理混乱，违章指挥、违章作业、违反作业规程，有关政府职能部门监管不到位而导致的责任事故。39 名事故责任人受到责任追究。其中：

1）煤矿矿长易×、煤矿副矿长张××等 8 名事故责任人因涉嫌重大责任事故罪被依法逮捕。

2）31 名事故责任人受到党纪、政纪处分，给予煤矿副矿长、党委委员张×行政撤职、撤销党内职务处分，给予公司董事长、总经理、党委委员彭××行政撤职、撤销党内职务处分，给予建设（集团）有限公司董事长、总经理、党委委员毋××行政记大过处分，给予煤电公司董事长、党委书记龙××记过处分，给予能源投资集团公司董事长、党委书记侯××行政记过处分，给予监理公司董事长、总经理武××开除党籍处分。

3）依法对集团罚款 200 万元，对监理公司罚款 30 万元。

21. 生产安全事故罚款处罚有什么规定？

事故发生单位的主要负责人、直接负责的主管人员和其他直接责任人员依照下列规定给予罚款处罚：

（1）谎报、瞒报事故的，处上一年年收入的 60%～80%的罚款。

（2）下列情形之一的，处上一年年收入的 80%～90%的罚款：

1）伪造、故意破坏事故现场的。

2）转移、隐匿资金、财产，销毁有关证据、资料的。

3）拒绝接受调查的。

4）拒绝提供有关情况和资料的。

5）在事故调查中做伪证的。

6）指使他人做伪证的。

（3）事故发生后逃匿的，处上一年年收入的100%的罚款。

22. 煤矿安全中有哪些常见的刑事犯罪？

（1）重大责任事故罪。重大责任事故罪是指工厂、矿山、林场、建筑企业或者其他企、事业单位的职工，由于不服管理，违反规章制度或者强令工人违章冒险作业，因而发生重大伤亡事故或者造成其他严重后果、危害公共安全的行为。

◎真实案例

2004年10月20日，河南郑州某煤矿井下掘进工作面爆破，引发延期性特大煤与瓦斯突出，进而引起瓦斯爆炸事故，造成148人死亡、35人受伤，直接经济损失3 935.7万元。事故刑事责任处理如下：

1）矿通风科调度员贾××，事故当日在接到井下瓦斯超限的报警后，没有及时向矿领导和有关部门报告，也未采取停电撤人措施，延误了救援时间；事故发生后，还撕毁并伪造事故当日值班记录。

2）矿调度员景××，事故当日对安全监控系统长时间报警不按规定及时采取停电撤人措施。

3）矿通风科长彭××，不坚守岗位，擅自离岗，使安全监控系统长时间报警却得不到及时处理。

4）矿长助理付××，事故当日值班期间玩牌娱乐，没有及时掌握生产动态和发现问题，接到安全监控系统长时间报警的报告后，不能及时指挥值班调度员组织有关部门派人迅速处理，也未按规定采取停电撤人措施。

以上 4 人对事故发生均负有直接责任，均已构成重大责任事故罪，分别判处 7 年、6 年、4 年和 3 年有期徒刑。

（2）重大劳动安全事故罪。重大劳动安全事故罪是指工厂、矿山、林场、建筑企业或者其他企、事业单位的劳动安全设施不符合国家规定，因而发生重大伤亡事故或者造成其他严重后果、危害公共安全的行为。

◎真实案例

2005 年 7 月 11 日，新疆某煤矿发生特大瓦斯爆炸事故，造成 83 人死亡、4 人受伤，直接经济损失 3 517 万元。

该矿在无专用通风井，无安全生产许可证，无改、扩建资格证书的情况下便投入生产。身为公司董事长的姜××为了追求高额利润、拒不执行政府有关部门的监管、监察指令。仅 2004—2005 年政府有关部门就给该矿下达了 15 份整改通知，但从未引起姜××等人的重视，依然违规生产。刘××在无矿长资格证的情况下担任煤矿矿长，在管理该矿期间，随意变更安全管理机构，矿井安全管理混乱。

在这次事故中以重大劳动安全事故罪判处原董事长姜××有期徒刑 6 年、原矿长刘××有期徒刑 5 年、原副矿长兼调度室主任任××有期徒刑 3 年。

（3）玩忽职守罪。玩忽职守罪是指国家机关工作人员严重不负责任，不履行或者不认真履行职责，致使公共财产、国家和人民利益遭受重大损失的行为。

◎**真实案例**

2005 年 8 月 7 日，广东某煤矿发生特大透水事故，据调查，地方安全监管、煤炭、国土资源部门的主管人员对该矿长期非法超强度开采没有认真履行监管职责，明知该煤矿证照不全，仍同意报批复产意见；公安局主管民用爆炸物品的人员不认真履行监管职责，致使该矿得以长期获得爆炸物用于非法开采；主管安全生产的乡镇干部对不具备开采条件的该矿不认真履行监管职责，未发现该矿在停产期间的偷采行动。

在这次事故中以玩忽职守罪判处市安监局副局长赖××、市煤炭局副局长曾××和除××、市国土资源局原副局长李××有期徒刑 3 年零 6 个月、4 年零 6 个月和 2 年、6 年（包括受贿罪），对其他负有一定责任的 12 名原国家机关工作人员以玩忽职守罪分别判处相应刑罚。

（4）非法采矿罪。非法采矿罪是指违反矿产资源法的规定，经责令停止开采后拒不执行，造成矿产资源破坏的行为。

◎**真实案例**

2007 年 5 月 5 日 13 点 50 分，山西临汾市某煤矿发生重大瓦斯爆炸事故，造成 28 人死亡、23 人受伤（其中 1 人重伤），直接经济损失 1 183.44 万元。

该矿长期违法违规组织生产、超员、越界开采。事故发生后，煤矿有限公司董事长、法定代表人、煤矿矿长，公司副总经理，副矿长，矿总工程师和北采区生产副矿长均追究非法采矿罪。

23. 生产安全事故犯罪有哪些刑事处罚办法?

生产安全事故犯罪主要刑事处罚办法：

（1）在生产、作业中违反有关安全管理的规定，因而发生重大伤亡事故或者造成其他严重后果的，处 3 年以下有期徒刑或者拘役；情节特别恶劣的，处 3 年以上 7 年以下有期徒刑。

（2）强令他人违章冒险作业，因而发生重大伤亡事故或者造成其他严重后果的，处 5 年以下有期徒刑或者拘役；情节特别恶劣的，处 5 年以上有期徒刑。

（3）安全生产设施或者安全生产条件不符合国家规定，因而发生重大伤亡事故或者其他严重后果的，对直接负责的主管人员和其他直接责任人员，处 3 年以下有期徒刑或者拘役；情节特别恶劣的，处 3 年以上 7 年以下有期徒刑。

（4）在安全事故发生后，负有报告职责的人员不报或者谎报事故情况，贻误事故抢救，情节严重的，处 3 年以下有期徒刑或者拘役；情节特别严重的，处 3 年以上 7 年以下有期徒刑。

24. 举报煤矿重大安全生产隐患和违法行为的奖励办法是什么?

举报煤矿重大安全生产隐患和违法行为，经调查属实的，受理举报的部门或者机构应当给予实名举报的最先举报人 1 000～10 000 元的奖励。

（1）举报非法煤矿的。即煤矿未依法取得采矿许可证、安全生产许可证、煤炭生产许可证、营业执照或矿长未依法取得矿长资格证、矿长安全资格证擅自进行生产的，或者未经批准擅自建设的。

（2）举报煤矿非法生产的。即煤矿已被责令关闭、停产整顿、停止作业，而擅自进行生产的。

（3）举报煤矿重大安全生产隐患的。

（4）举报隐瞒煤矿伤亡事故的。

（5）举报国家机关工作人员和国有企业负责人投资入股煤矿，及其他与煤矿安全生产有关的违规违法行为的。

（6）举报煤矿其他安全生产违规违法行为的。

25. 区（队）、班（组）长安全生产责任制内容是什么？

区（队）、班（组）长安全生产责任制主要有以下 8 方面内容：

（1）认真执行有关安全生产的规定，遵守安全技术操作规程，对本区（队）、班（组）工人在生产中的安全和健康负责。

（2）根据生产任务、作业环境和工人思想状况，具体布置安全工作。对新工人进行现场安全教育，并指定专人负责其劳动安全。

（3）组织区（队）、班（队）工人学习有关安全规程和规定，检查执行情况。教育工人不得违章蛮干，发现违章作业和违反劳动纪律的情况，立即进行劝阻。

（4）自身带头遵章守纪，不违章指挥，不强令工人违章蛮干。

（5）经常检查生产中的不安全因素，发现事故隐患及时解决。对暂时不能从根本上解决的问题，要采取临时措施加以控制，并及时上报。

(6) 现场发生伤亡事故，要积极组织抢救处理并保护现场。事故发生后要立即组织全体区（队）班（组）工人认真分析，吸取教训，提出防范措施。

(7) 认真做好交接班工作，对于本班存在的安全隐患必须交接清楚。

(8) 对安全工作表现好的工人进行表扬奖励，对“三违”人员给予批评并加以经济处罚。

26. 区（队）、班（组）从业人员安全岗位责任制内容是什么?

区（队）、班（组）从业人员安全岗位责任制主要有以下9方面内容：

(1) 认真学习上级有关安全生产规程、规定和规章制度。积极参加安全技术知识培训。熟悉并掌握安全操作技能。

(2) 自觉执行安全生产各项规章制度、安全技术措施和本工种的操作规程。

(3) 遵守劳动纪律，服从区（队）、班（组）长的现场管理。

(4) 自身不违章操作、作业。制止其他人员违章作业，拒绝区（队）、班（组）长的违章指挥。

(5) 爱护、保护安全设施和安全标志。

(6) 正确佩戴、使用和爱护个人劳动防护用品。

(7) 搞好本工种、本岗位的质量标准化和文明生产工作。

（8）积极参加各项安全生产活动并提出安全生产合理化建议。

（9）发现事故隐患要及时排除。发生事故后要积极参与自救互救、创伤急救活动。

27. 什么是现场安全联防互保制度？

现场安全联防互保制度主要有以下三种形式：

（1）自保。自保是指工人与区（队）、班（组）长签订安全责任状，保证本人安全作业，并承担一定责任。

（2）互保。互保是指工人之间结成对子，签订安全互保合同，规定双方的权利和义务。目前互保形式主要有：一是以作业小组为单位结成互保对子；二是党、团员，先进人物与其他工人结成互保对子；三是班（组）长、劳动保护检查员和安全检查工与普通工人结成互保对子；四是老工人与新工人结成互保对子。

（3）联保。联保是指由多名工人组成联保小组。例如：瓦斯检验工、爆破工和班（组）长结成安全爆破联保小组；爆破工、掘进机司机和支架工结成掘进顶板安全联保小组等。还可以与职工家属、共青团组织签订联保公约，发挥家属和青年在安全生产中的作用。

28. 煤矿企业职业健康检查有哪些规定？

《煤矿安全规程》规定：

（1）对新入矿的工人必须进行职业健康检查，并建立健康档案。

（2）定期对接触粉尘、毒物及有关物理因素等作业人员进行职业健康检查。

（3）职业性健康检查、职业病诊断、职业病治疗应由取得相应资格的职业卫生机构承担。

（4）对检查出的职业病患者，煤矿企业必须按国家规定及时进行治疗、疗养和调离有害作业岗位，并做好健康监护及职业病报告工作。

（5）对接尘工人的职业健康检查必须拍照胸大片。《煤矿安全规程》中对检查时间间隔做了具体要求。

29. 煤矿劳动防护用品使用有哪些规定？

按照 2005 年 9 月 1 日起施行的《劳动防护用品监督管理规定》要求，必须做到以下几点：

（1）煤矿企业不得以货币或者其他物品替代应当按规定配备的劳动防护用品。

（2）煤矿企业为工人提供的劳动防护用品必须符合国家或者行业标准，不得超过使用期限。

（3）煤矿企业应当督促、教育工人正确佩戴和使用劳动防护用品。

（4）煤矿工人在作业过程中，必须按照安全生产规章制度和劳动防护用品使用规则，正确佩戴和使用劳动防护用品；未按规定佩戴和使用劳动防护用品的，不得上岗作业。

（5）煤矿工人在使用劳动防护用品的过程中，要爱惜用品，防止发生不应发生的损坏。同时，使用后要及时清洗，经常保持清洁完好，防止霉蛀变质，要妥善保管好。对特殊防护用品（如绝缘用品等）一定要坚持定期复验制度，不合格、失效的一律不准使用。

30. 矿井通风的作用和基本任务是什么?

（1）矿井通风的作用。煤矿井下开采存在着瓦斯及其他有害气体，存在着瓦斯、煤尘爆炸，火灾，煤炭自燃等危险，严重地制约着煤矿安全生产。“一通三防”指的是加强矿井通风，防治瓦斯、防治煤尘、防治火灾。

搞好“一通三防”工作，是煤矿安全工作的重中之重，也是杜绝重大事故、实现煤矿安全状况根本好转的关键。为了创造良好的煤矿生产作业环境，对瓦斯、煤尘和火灾实现切实可行的防治，最经济、最基础的解决方法就是搞好矿井通风工作。

（2）矿井通风的基本任务：

1）将足够的新鲜空气送到井下，供给井下人员呼吸所需要的氧气。

2）将冲淡有害气体和矿尘后的空气排出地面，以保证井下空气质量，并将矿尘浓度限制在规定的安全浓度以下。

3）新鲜空气送到井下后，调节井下工作地点的气候条件，保证井下具有满足规定的风速、温度和湿度，创造良好的作业环境。

◎真实案例

2007年12月5日21点15分，山西临汾市某煤业有限公司新窑煤矿由于通风系统混乱，采掘工作面互相串联通风，导致有时无风，爆破火花引爆瓦斯，煤尘参与爆炸，造成105人死亡。

31. 氧气（O_2）有哪些性质？对人体健康有哪些作用？

氧气是一种无色、无味的气体，相对密度为1.11。氧气的化学性质很活泼，能与大多数元素起氧化反应。氧气能够帮助燃烧和供人、动物呼吸，是空气中不可缺少的气体。

人体维持正常生命过程的需氧量，取决于人的体质、精神状态和劳动强度等因素。一般来说，人在休息时平均需氧量为0.25 L/min；工作和行走时平均需氧量为1～3 L/min。

空气中氧气浓度对人体的健康有很大影响。空气中氧气减少，人就会感到呼吸困难，严重时会因缺氧而死亡。当空气中氧气浓度下降到17％时，人在静止状态下尚无影响，如果从事强度较大的活动或劳动就会感到呼吸困难和心跳加快，引起喘息；当空气中氧气浓度下降到15％时，人就会失去劳动能力，不能从事劳动活动；当氧气浓度下降到10％～12％时，人就会神志不清，如果时间稍长就会对生命构成威胁；当氧气浓度下降到6％～9％时，人则会失去知觉，如果不及时进行抢救就会造成死亡。

《煤矿安全规程》中规定：采掘工作面的进风流中，氧气浓度不低于20%。

32. 氮气（N_2）和二氧化碳（CO_2）有哪些性质？对人体健康有哪些影响？

（1）氮气（N_2）。氮气是无色、无味的气体。在室温下，化学性质不活泼，不助燃，也不能供人呼吸。氮气的相对密度为0.97。在一般情况下，氮气占空气体积的79%。氮气本身对人体健康无害，但当空气中氮气含量过多时，就会使氧气的浓度相对减小，使人缺氧而窒息。

（2）二氧化碳（CO_2）。二氧化碳是无色、略带酸味的气体。易溶于水。不助燃，也不能供人呼吸。二氧化碳的相对密度为1.52，多积存在通风不良的巷道底部、下山等低矮地方，对人的眼、鼻、口腔黏膜有一定的刺激作用。

二氧化碳对人体健康影响较大，微量二氧化碳能促使人的呼吸加快，呼吸量增加。当二氧化碳浓度为1%时，人的呼吸变得急促；当增至5%时呼吸困难，伴有耳鸣和血液流动加快的感觉；当增至10%～20%时，呼吸将处于停顿并失去知觉，时间稍长就会有生命危险；当高达20%～25%时，人将中毒死亡。

《煤矿安全规程》规定，采掘工作面进风流中，二氧化碳浓度不超过0.5%。矿井总回风巷或一翼回风巷中二氧化碳浓度超过0.75%时，必须立即查明原因，进行处理。

33. 一氧化碳（CO）有哪些性质？对人体健康有哪些影响？

一氧化碳是无色、无味的气体，相对密度为 0.97，微溶于水。在正常的温度和压力条件下，化学性质不活泼。当空气中一氧化碳浓度达到 13%～75%时，能引起燃烧和爆炸。

一氧化碳毒性很强，它对人体血色素的亲和力比氧气大 250～300 倍，当空气中一氧化碳浓度达到 0.4%时，吸入人体内的一氧化碳会很快地与血色素结合，阻碍氧气与血色素的正常结合，导致血色素吸氧能力降低，使人体各部组织和细胞产生缺氧，引起中毒、窒息而死亡。

一氧化碳中毒的明显特点是人的嘴唇呈樱桃红色，两颊有斑点。

煤矿井下一氧化碳的来源主要有瓦斯、煤尘爆炸和火灾。当瓦斯爆炸发生后，空气中一氧化碳浓度高达 2%～4%；当煤尘爆炸发生后，空气中一氧化碳浓度一般为 2%～3%，个别可高达 8%。当发生煤炭自燃和火灾事故时，空气中一氧化碳浓度上升很快。由于一氧化碳浓度过高，会造成瓦斯、煤尘爆炸和火灾事故中人员大量伤亡。

《煤矿安全规程》中规定，矿井空气中一氧化碳的最高允许浓度为 0.002 4%。

◎真实案例

2009 年 3 月 9 日 22 点 30 分，内蒙古某煤炭有限责任公司煤矿井下发生一氧化碳气体中毒事故，造成 6 人死亡、3 人受伤。

34. 矿井主要通风机停止运转时，应采取什么措施?

主要通风机停止运转时，受停风影响的地点，必须立即停止工作，切断电源，工作人员先撤到进风巷道中，由值班矿长迅速决定全矿井是否停止生产，工作人员是否全部撤出。

主要通风机停止运转期间，对由1台主要通风机担负全矿通风的矿井，必须打开井口防爆门和有关风门，利用自然风压进行矿井通风，对由多台主要通风机联合通风的矿井，必须正确控制风流，防止风流紊乱。

35. 矿井反风有哪几种方式?

矿井反风的方式，主要有全矿性反风、区域性反风和局部性反风三种方式。

（1）全矿性反风。实现全矿总进、回风井及采区主要进、回巷的风流全面反风的反风方式，叫做全矿性反风。

当矿井井口附近、井筒、井底车场（包括井底车场主要硐室）和井底车场直接相通的大巷（如中央石门、运输大巷）发生火灾时应采用全矿性反风。全矿井反风主要有以下几种方法：

1）设专用反风道反风。

2）利用备用通风机作反风道反风。

3）采取通风机反转反风。

4）调节通风机动叶安装角度反风。

目前，大多数煤矿采用反风道反风和反转风机反风两种方法。

（2）区域性反风。在多进风、多回风井的矿井一翼（或某一独立通风系统）进风大巷中发生火灾时，调节1个或几个主要通风机的反风设施，可实行矿井部分地区内的风流反向的反风方式，叫做区域性反风。

（3）局部性反风。当采区内发生火灾时，矿井主要通风机保持正常运行，通过调整采区内预设风的开关状态，实现采区内部分巷道风流的反向，把火灾烟流直接引向回风道的反风方式，叫做局部性反风。

36. 采煤工作面专用排瓦斯巷有什么作用？采用专用排瓦斯巷有哪些安全规定？

由于采煤工作面产量越来越高，特别是综采放顶煤高产工作面，有的年产500万吨以上，甚至1 000万吨，工作面瓦斯涌出量也急剧增加。但是，采用瓦斯抽放和加大通风能力的方法后，仍然不能有效解决风流中瓦斯浓度超限的要求，所以出现了采用专用排瓦斯巷的新技术。几十年来，我国高瓦斯矿井采用通常的采煤工作面通风方式很难达到瓦斯浓度不超标，因而应用专用排瓦斯巷的工作面越来越普遍。多年实践证明，应用专用排瓦斯巷是安全的。但是，由于认识和管理的不足，也发生过与专用排瓦斯巷有关的瓦斯事故。例如2009年2月22日2点20分，山西某煤矿南四采区发生特别重大瓦斯爆炸事故，事故造成78人死亡、114人受伤（其中重伤5人）。事故发生以后，人们对采煤工作面专用排瓦斯巷出现了一些争论意见。为了统一认识，进一步规范行为，《煤矿安全规程》第137条在2004年修改的基础上又进行了较大的修改。

（1）采煤工作面专用排瓦斯巷及其作用。采煤工作面专用排瓦斯巷指的是，在采煤工作面回风顺槽的外侧，平行于回风顺槽布置的专用巷道，它与回风顺槽每隔一定距离用联络巷连通，专门用来排放工作面及其采空区内的瓦斯。采煤工作面的专用排瓦斯巷是治理瓦斯的有效措施。它的作用主要在以下几方面：

1）由于专用排瓦斯巷的瓦斯控制浓度较高，因而能够以较小的风量排出较高浓度的大量瓦斯。

2）由于专用排瓦斯巷处于采空区位置，能够有效地带走工作面上隅角积存的大量瓦斯。

（2）采用专用排瓦斯巷的安全规定：

1）采用专用排瓦斯巷必须具备以下基本条件：

①采煤工作面瓦斯涌出量大于或等于 20 m^3/min。

②进回风巷道净断面 8 m^2 以上。

③经抽放瓦斯达到《煤矿瓦斯抽采基本指标》的要求。例如：

工作面绝对瓦斯涌量 $5 \leqslant Q < 10$ m^3/min 时，工作面抽采率≥20%；

工作面绝对瓦斯涌量 $10 \leqslant Q < 20$ m^3/min 时，工作面抽采率≥30%；

工作面绝对瓦斯涌量 $20 \leqslant Q < 40$ m^3/min 时，工作面抽采率≥40%；

工作面绝对瓦斯涌量 $40 \leqslant Q < 70$ m^3/min 时，工作面抽采率≥50%；

工作面绝对瓦斯涌量 $70 \leqslant Q < 100\ m^3/min$ 时，工作面抽采率≥60%；

工作面绝对瓦斯涌量 $Q \geqslant 100\ m^3/min$ 时，工作面抽采率≥70%；

④风流已达允许最高风量 $4\ m^3/s$ 后。

⑤回风巷风流中瓦斯浓度超过 1.0%和二氧化碳浓度超过 1.5%。

2）采用专用排瓦斯巷时，对通风方面应做到以下几方面：

①工作面风流控制必须可靠。

②专用排瓦斯巷内风速不得低于 0.5 m/s。

③专用排瓦斯巷必须贯穿整个工作面推进长度且不得留有盲巷。

3）采用专用排瓦斯巷时，该巷风流中的瓦斯浓度不得超过 2.5%。

4）专用排瓦斯巷的甲烷断电仪，应悬挂在距专用排瓦斯巷回风口 10～15 m 处。当甲烷浓度达到最高允许浓度 2.5%时，能发出报警信号并切断工作面电源，工作面必须停止工作，进行处理。

5）采用专用排瓦斯巷时，在防灭火方面应做到以下几方面：

①瓦斯浓度达爆炸界限，遇火源即可引发爆炸。所以在专用排瓦斯巷内必须严格防灭火工作。

②煤层的自然倾向性为不易自燃和自燃煤层，专用排瓦斯巷禁止布置在易自燃煤层中。

③专用排瓦斯巷内必须使用不燃性材料进行支护。

④专用排瓦斯巷内应有防止产生静电、摩擦和撞击火花的安全措施。

⑤专用排瓦斯巷及其辅助性巷道内不得设置电气设备，以防产生电气火花。

⑥为了防止生产、维修作业过程中产生撞击火花，专用排瓦斯巷及其辅助性巷道内不得进行生产作业；进行巷道维修时，瓦斯浓度必须低于1.0％，与《煤矿安全规程》有关规定相衔接。

6）专用排瓦斯巷必须在工作面进回风巷道系统之外另外布置，并编制专门设计和制定专项安全技术措施；严禁将工作面回风巷作为专用排瓦斯巷管理。

7）专用排瓦斯巷的设置必须由企业主要负责人审批。

37. 如何加强局部通风机通风的安全管理?

加强局部通风机通风的安全管理是提高掘进速度、保证安全生产和实现长距离掘进通风的关键。

（1）局部通风机必须由专人负责看管，严禁任何人随意停开。

（2）局部通风机必须安设在进风巷道中，距巷道回风口不得小于10 m，以免发生循环风。

（3）风筒无破口，吊挂平、直、稳，拐弯或变径要使用过渡节，到工作面迎头距离要符合《作业规程》规定。

（4）局部通风机应与采煤工作面分开供电或安装选择性漏电保护装置，高突矿井局部通风机应采用专用变压器、专用开关、专用线路供电。

（5）严禁使用3台以上（含3台）的局部通风机同时向1个掘进工作面供风。不得使用1台局部通风机同时向2个作业的掘进工作面供风。

（6）局部通风机必须实行风电闭锁，停风后，立即切断全部非本质安全型电气设备的电源。

（7）风筒应采用抗静电、阻燃风筒。

38. 局部通风机为什么必须实行风电闭锁？

局部通风机的风电闭锁指的是，局部通风机停止运转时，能立即自动切断局部通风机供风巷道中的一切电气设备的电源，并且在局部通风机未启动通风前，不能接通巷道中的一切电源。

当局部通风机因故停风后，掘进巷道的瓦斯得不到有效的冲淡和排除，常造成瓦斯积聚浓度超限；同时，非本质安全型电气设备，如果管理不善，容易产生电火花。电火花与达到爆炸浓度的瓦斯相结合后，即发生瓦斯爆炸事故。如果停风后能够切断电源，就减少了产生电火花的危险。同时停电后，工人不能在掘进巷道进行作业，也减少了其他火源的产生和控制现场无风作业。所以，实行风电闭锁，是预防瓦斯爆炸的一项重要举措。

《煤矿安全规程》中规定，使用局部通风机供风的地点必须实行风电闭锁。《煤矿安全规程》中又规定，使用2台局部通风机供风的，2台局部通风机都必须同时实现风电闭锁。

39. 高突矿井掘进工作面的局部通风机安全供电有什么规定？

《煤矿安全规程》规定，瓦斯喷出区域、高瓦斯矿井、煤

(岩)与瓦斯(二氧化碳)突出矿井中，掘进工作面的局部通风机应采用三专(专用变压器、专用开关、专用线路)供电；也可采用装有选择性漏电保护装置的供电线路供电，但每天应有专人检查1次，保证局部通风机可靠运转。

40. 掘进巷道停风时有哪些安全规定?

掘进巷道局部通风机停风时，应符合以下几方面的规定要求：

(1) 使用局部通风机通风的掘进工作面，不管掘进与否，都不得停风，以防掘进巷道中积存大量瓦斯。否则，如果有人作业，会导致人员窒息、死亡；如果是停工工作面，恢复掘进时需要排放瓦斯，带来许多不安全因素。

(2) 因检修、停电等原因计划性停风的，为了确保人员身体健康和安全，必须将人员撤出；同时为了避免出现电火花引爆瓦斯，必须切断掘进巷道的一切电源。

(3) 恢复通风前必须检查瓦斯。只有在局部通风机及其开关附近10 m以内风流中的瓦斯浓度都不超过0.5%时，方可人工开启局部通风机，以免引起巷道中涌出的瓦斯爆炸。

41. 有哪些情形时认定为“通风系统不完善、不可靠”?应如何处理?

(1) 根据国家安全生产监督管理总局和国家煤矿安全监察局制定的《煤矿重大安全生产隐患认定办法(试行)》，“通风系统不完善、不可靠的”是指有下列情形之一的：

1）矿井总风量不足的。

2）主井、回风井同时出煤的。

3）没有备用主要通风机或者两台主要通风机能力不匹配的。

4）违反规定串联通风的。

5）没有按正规设计形成通风系统的。

6）采掘工作面等主要用风地点风量不足的。

7）采区进（回）风巷未贯穿整个采区，或者虽贯穿整个采区，但一段进风，一段回风的。

8）风门、风桥、密闭等通风设施构筑质量不符合标准、设置不能满足通风安全需要的。

9）煤巷、半煤岩巷和有瓦斯涌出的岩巷的掘进工作面未装备甲烷风电闭锁装置或者甲烷断电仪和风电闭锁装置的。

（2）认定“通风系统不完善、不可靠”后，应该立即登记建档，指定专人负责跟踪监控，企业应该认真整改，排除隐患。整改完成后，由煤矿主要负责人组织自检。自检合格后，向县级以上政府煤矿安全生产监管部门提出恢复生产的申请报告。验收合格方可恢复生产。

对于存在“通风系统不完善、不可靠”的重大安全生产隐患的煤矿，仍然进行生产的，主管部门应当责令立即停产整顿，并处50万元以上200万元以下的罚款，对煤矿企业负责人处3万元以上15万元以下的罚款。对3个月内2次或者2次以上发现“通风系统不完善，不可靠”仍然进行生产的煤矿，由有关部门、机构提请有关地方人民政府关闭该煤矿，并由颁发证照的部门立即吊销矿长资格证和矿长安全资格证，该煤矿的法定代表人和矿长 5 年内不得再担任任何煤矿的法定代表人或者矿长。

◎**真实案例**

2002 年 6 月 20 日 9 点 03 分，黑龙江鸡西矿务局某煤矿 145 采煤工作面的临时水仓，由于没有形成全风压通风的通风系统，利用局部通风机进行通风。局部通风机突然停止运转，无风状态长达 42 min，造成瓦斯积聚。潜水泵插销开关失爆，启动时产生电弧引燃瓦斯，造成爆炸，导致 124 人死亡、24 人受伤。

42. 煤矿瓦斯综合治理工作体系包括哪些内容?

煤矿瓦斯综合治理工作体系包括“通风可靠、抽采达标、监控有效、管理到位”，它是煤矿瓦斯治理实践经验的概括总结，是对瓦斯治理规律认识的深化，是针对当前瓦斯治理所存在问题在今后一个时期治理、防范瓦斯灾害的基本要求，是把瓦斯治理工作推向新水平的重要举措。为了把煤矿瓦斯治理攻坚战扎实有效地推向深入，有效治理煤矿瓦斯灾害，防范、遏制重、特大瓦斯事故，促进煤矿安全生产形势进一步稳定好转，必须着力构建“通风可靠、抽采达标、监控有效、管理到位”的煤矿瓦斯综合治理工作体系。

（1）通风可靠。通风可靠指的是系统合理、设施完好、风量充足和风流稳定。通风是治理瓦斯的基础。因为瓦斯客观存在于煤炭采掘过程中，矿井通风系统可靠稳定，采掘工作面有足够的新鲜风流，瓦斯不聚积、不超限，就不会发生瓦斯事故。所以，必须把矿井和采掘工作面通风作为重要的基础性工作来抓，矿井和采掘工作面必须建立可靠、稳定的通风系统。

(2) 抽采达标。抽采达标指的是多措并举、应抽尽抽、抽采平衡和效果达标。抽采抽放是防范瓦斯事故的重要手段。因为瓦斯治理必须坚持标本兼治，重在治本。通过抽采抽放降低煤层中的瓦斯含量，从根本上治理、防范瓦斯灾害。所以，要加大瓦斯抽采力度，提高抽采率和利用率，努力实现抽采达标。

(3) 监控有效。监控有效指的是装备齐全、数据准确、断电可靠和处置迅速。监测监控是防范瓦斯事故的有效保障。监测监控就是利用先进的技术手段，及时掌握井下瓦斯含量和瓦斯浓度，在瓦斯超限等异常情况发生时，及时采取措施，化解风险，杜绝事故。所以，必须做到监测准确，监控有效。

(4) 管理到位。管理到位指的是责任明确、制度完善、执行有力和监督严格。管理是瓦斯治理各项措施得到落实的关键。因为管理是企业永恒的主题。管理不到位，再完善的系统，再正确的目标，再先进的装备也难以发挥应有的作用。特别是当前一些煤矿管理松弛，有的小煤矿无章可循、有章不循、三违严重，给瓦斯治理带来极大的危害。所以，必须做到管理到位。

43. 如何防止瓦斯积聚？

防止瓦斯积聚主要有以下 4 条措施：

(1) 加强通风。矿井通风工作是防止瓦斯积聚的基本措施，只有做到供风稳定、连续、有效才能保证及时冲淡和排除矿井瓦斯。

(2) 抽放瓦斯。瓦斯涌出量大，采用通风方法解决瓦斯问题不合理时，或采用正常通风解决瓦斯问题仍达不到要求时，应提前对瓦斯进行抽放。

(3) 加强检查。要经常检查井下的通风情况和瓦斯浓度。一定按《煤矿安全规程》规定的检查次数检查瓦斯和二氧化碳浓度。严格执行《煤矿安全规程》中有关瓦斯浓度的规定，严禁空班漏检，认真、及时地填写有关日志和记录，发现问题及时汇报并积极处理。

(4) 及时处理局部积聚的瓦斯。容易积聚瓦斯的地点有：采煤工作面上隅角、采空区边界、切割中的采煤机附近，顶板冒落空洞内，低风速巷道的顶部，停风的盲巷以及风筒送风达不到的掘进工作面等，发现瓦斯积聚，必须及时采取措施进行排放和处理。

44. 采掘工作面发生瓦斯爆炸的原因是什么?

瓦斯爆炸主要发生在掘进工作面，其次是采煤工作面，其主要原因是以下几方面。

(1) 掘进工作方面。掘进工作面的瓦斯爆炸事故约占总事故起数的80%。主要原因是：

1) 掘进工作面局部通风机供风距离长，如果管理不善，漏风量大，风量不稳定、不可靠，往往造成掘进工作面迎头风量不足，不能有效地冲淡和排除瓦斯。

2) 掘进工作面及其巷道内瓦斯涌出量大。如果出现停风或微风，积聚或流动的瓦斯很快就会达到爆炸界限。

3) 掘进工作面大多数采用电钻打眼，装药爆破，机电设备较多且频繁移动，稍有管理不善，就可能产生引爆火源。

（2）采煤工作方面：

1）采煤工作面上隅角是瓦斯容易积聚的地点，也是最容易发生瓦斯爆炸的地点。

2）采空区往往积聚大量瓦斯，特别是放顶煤开采时，高冒处的瓦斯很难排出。

3）采煤工作面需要经常爆破，加之机电设备较多，很容易产生引爆火源。

45. 为什么采煤工作面上隅角容易积聚瓦斯？

《煤矿安全规程》规定了采掘工作面及其他作业地点风流中瓦斯浓度的规定。采煤工作面上隅角是瓦斯易于积聚的地点。

（1）采煤工作面上隅角容易积聚瓦斯的原因：

1）采煤工作面后方采空区内积存着高浓度瓦斯，上隅角是采空区漏风的出口，漏风将采空区内的瓦斯携带到上隅角，瓦斯相对密度小，采空区瓦斯沿倾斜向上移动，部分瓦斯就从上隅角附近逸散出来。

2）工作面风流在工作面回风侧直角转弯，在上隅角形成涡流，使瓦斯不容易被风流带走，因而瓦斯易于积聚。

3）工作面上隅角附近通常设置回柱绞车等机电设备，控顶宽度较大，通常要落后正常地段1～2排，形成瓦斯积聚的场所。

4）工作面上隅角附近顶板和煤帮在集中应力作用下变得比较破碎，容易冒落顶板岩石和片帮而形成空洞，在这些空洞内容易积聚瓦斯。

（2）处理采煤工作面上隅角瓦斯方法。采煤工作面上隅角煤帮疏松，自由面增多，爆破时容易发生虚炮形成火光，回柱时由于钢丝绳摩擦易产生火花，机械设备运转产生摩擦火花，电气设备失爆产生电火花，这些都容易成发生瓦斯爆炸事故的引爆火源，因此应加强瓦斯检查工作，发现瓦斯积聚及时处理，以免发生瓦斯爆炸事故。采煤工作面上隅角积聚瓦斯处理的方法主要有以下几种：

1）在工作面上隅角附近设置木板隔墙或帆布风障，迫使一部风风流流经工作面上隅角，将该处积存的瓦斯冲淡排出。

2）在工作面上隅角至回风道一段距离内设置移动式水力引射器，排出上隅角积存的瓦斯。水力引射器的水压一般在 0.8～1 MPa，风量最多可达 60～70 m^3/min。

3）加大采煤工作面风量或利用设在煤巷中的风筒和局部通风机加大工作面风量，并冲淡工作面上隅角的瓦斯。

4）在回风巷的采空区侧维持一段专为排放采空区瓦斯的尾巷，把工作面分成两部分：一部风清洗工作面，冲淡开采煤层涌出的瓦斯；另一部分漏入采空区，冲淡上隅角附近采空区的瓦斯，改变采空区瓦斯流向，使上隅角的瓦斯积聚点移到工作面 20 m 以外。

5）采空区抽放。当采空区瓦斯涌出量较大，不仅采煤工作面上隅角瓦斯经常超限，工作面采空区和回风流也受到威胁，必须采用抽放的方法减少开采空间的瓦斯量。

46. 巷道排放瓦斯分为哪三级?

巷道排放瓦斯是矿井瓦斯管理的重要内容之一。局部通风机一旦意外停止运行，巷道内就会积聚大量瓦斯，随着时间的延长，积聚的瓦斯量越来越多，必须及时进行排放。《煤矿安全规程》规定了三级排放制度，并规定必须制定安全措施。

1. 三级排放制度

（1）一级排放。对于停风的独头巷道（或盲巷），如果要恢复停风，必须首先检查瓦斯。当检查瓦斯后证实停风的独头巷道中的瓦斯浓度不超过1％和二氧化碳浓度不超过1.5％，同时检查局部通风机及其开关地点附近10 m以内风流中瓦斯浓度不超过0.5％时，可以人工开动局部通风机，直接恢复独头巷道的通风。

（2）二级排放。如果停风的独头巷道内瓦斯浓度超过1％或二氧化碳浓度超过1.5％，但不超过3.0％时，由瓦斯检查员、安全员和井下电钳工等有关人员在现场，并采取专门的控制风流安全措施排除瓦斯。

1）检查局部通风机及其开关地点附近10 m以内风流中瓦斯浓度。

2）如果局部通风机及其开关地点附近10 m以内风流中瓦斯浓度都不超过0.5％，采取控制或限量向独头巷道内送风，排除独头巷道中的瓦斯，具体做法如下：

①在局部通风机排风侧风筒上系上绳索，用收紧或放松绳索控制局部通风机的排风量，或者在局部通风机前加一节设有调节窗的三通等方法控制局部通风机的排风量。

②人工开动局部通风机向独头巷道内送入风量。

③瓦斯检查员在独头巷道回风流与全风压风流混合处经常检

查瓦斯浓度，独头巷道中排出的风流在全风压风流混合处的瓦斯浓度和二氧化碳浓度都不得超过1.5%。当瓦斯浓度达到1.5%时，通知作业人员收紧绳索或调节风窗，减少向独头巷道的送入风量，保持独头巷道中排出瓦斯在混合处风流中瓦斯浓度和二氧化碳浓度都不超过1.5%。

3）在排放瓦斯时，要防止局部通风机发生循环风。

4）排放瓦斯时，独头巷道的回风系统内必须切断电源，撤出人员，还应有矿上救护队在现场值班，发现异常及时处理。

5）排除瓦斯后，经过检查，证实整个独头巷道内风流中的瓦斯浓度不超过1.0%、氧气浓度不低于20%和二氧化碳浓度不超过1.5%，经稳定30 min后，瓦斯浓度没有变化，才可恢复局部通风机的正常通风。

6）独头巷道恢复正常通风后，必须有电工对独头巷道中的电气设备进行检查，证实电气设备完好后，方可人工恢复局部通风机供风的巷道中的一切电气设备的电源。

（3）三级排放。如果停风的独头巷道内瓦斯浓度或二氧化碳浓度超过3.0%时，必须制定安全排除瓦斯措施，报矿技术负责人批准。三级排放时应由矿山救护队或通风区进行操作，矿有关领导现场值班。

2. 排放盲巷瓦斯应注意的问题

（1）计算排放的瓦斯量、供风量和排放时间，控制供风量和瓦斯排放量，选择适宜的排放瓦斯方法，制定可靠的安全措施，严禁“一风吹”。掌握排放瓦斯各回风区间最大允许的排放瓦斯量，以便控制盲巷排出的瓦斯量，防止各回风区间瓦斯超限；确保排出的风流与全风压风流汇合处的瓦斯浓度不超过 1.5%，并在排出的瓦斯与全风压风流混合处安设甲烷报警断电仪。

（2）确定排放瓦斯的流经路线和方向，控制风流设施的位置、各种电气设备的位置、通信电话的位置、甲烷传感器的监测位置等。必须做到文、图齐全，了解供电情况，检查风电闭锁装置是否良好；检查局部通风机和电气开关附近 10 m 内瓦斯浓度是否超过 0.5%。

（3）明确停电、撤人的范围。凡是受排放瓦斯影响的硐室、巷道和被排放瓦斯风流切断安全出口的采掘工作面，必须停电、撤人、停止作业，指定警戒人员的位置，禁止其他人员进入。

（4）排瓦斯时，每次启动局部通风机或者是调整风量后，均应检查局部通风机是否有循环风；如有循环风，需立即停止局部通风机运转，消除循环风后再排瓦斯。

（5）排放瓦斯风流经过的巷道内的电气设备，必须指定专人在采空变电所和配电点两处同时切断电源，并设警示牌和专人看管。

（6）排放瓦斯必须加强领导，统一指挥，精心组织，责任落实，确保安全排放。安全监察人员在现场监督检查，发现违章，立即制止。矿山救护队员在现场值班。

◎真实案例

某年 2 月 24 日 9 点 18 分，江西省丰城矿务局某煤矿二水平东一辅助盘区 219 采煤工作面在排放瓦斯时发生瓦斯爆炸事故，造成 114 人（其中救护队员 3 人）死亡、6 人轻伤。

该矿东翼变电所检漏继电器进行总开关掉闸试验，致使

2107掘进巷道局部通风机掉闸后无人送电，停风11 h，使150 m盲巷积聚了约700 m^3高浓度瓦斯。2名工人进入巷道接水管，在不经任何部门或允许的情况下，没有任何排放瓦斯措施，不检查瓦斯浓度，回风侧不断电也不撤人，就擅自启动局部通风机采用“一风吹”的方法任意排放瓦斯，使2107掘进巷道高浓度瓦斯经2502皮带道排入219采煤工作面下顺槽，此时，219采煤工作面电工违章带电检修电钻和干式变压器的三通接线盒，由于接线盒失爆，产生电火花引起瓦斯爆炸。其中第三批救护队员深入灾区探险时，有3名队员口具佩戴不严，鼻夹脱落而中毒死亡。

47. 巷道瓦斯排放时有哪些安全要求?

巷道瓦斯排放时，应符合以下安全规定：

(1) 排放瓦斯前，必须检查局部通风机及其开关地点附近10 m以内风流中的瓦斯浓度，其浓度不超过0.5%时，方可人工开动局部通风机。

(2) 排放瓦斯时，经过检查独头巷道回风流与全风压风流混合处的瓦斯浓度，当浓度达到1.5%时，应减少供风量。

(3) 排放瓦斯时，严禁局部通风机发生循环风。

(4) 排放瓦斯时，独头巷道的回风系统内必须切断电源、撤出人员，禁止人员通行。

(5) 二级排放瓦斯工作，必须由通风部门（或救护队）实施，安监部门现场监督，救护队现场值班。

(6) 排放瓦斯后，整个独头巷道内风流中的瓦斯浓度不超过1%、氧气浓度不低于20%和二氧化碳浓度不超过1.5%，且稳定 30 min 后，才可以恢复局部通风机的正常通风。

(7) 两个串联工作面排放时严禁同时进行。应首先从进风方向第一台局部通风机开始。

(8) 恢复正常通风后，必须由电工检查电气设备，证实完好方可人工恢复通电。

48. 抽放瓦斯的目的是什么?

为了降低矿井瓦斯浓度，从根本上治理瓦斯事故，变害为利，《煤矿安全规程》规定了必须抽放瓦斯的条件。

抽放瓦斯的目的可以从防治瓦斯和利用瓦斯两方面来理解。

(1) 防治瓦斯：

1) 瓦斯抽放减少涌入开采空间的瓦斯量，预防瓦斯超限，提高矿井的安全可靠程度。

2) 瓦斯抽放可以降低矿井通风费用，同时还能解决单纯利用通风稀释瓦斯技术和经济不合理的难题。

3) 开采保护层时抽放被保护层的卸压瓦斯，可减少涌入保护层工作面和采空区的卸压瓦斯量，保证保护层安全顺利地回采；而抽放远距离被保护层的瓦斯，可以扩大保护范围与程度，并且事后在被保护层内进行掘进和回采时，瓦斯涌出量会显著减少。

4) 降低煤层瓦斯压力，防止煤与瓦斯突出。

(2) 开发利用瓦斯资源，变害为利。开发利用瓦斯主要有以下几个方面的用途：

1) 瓦斯作为燃料，广泛地应用于民用、工业锅炉和发电厂。

2）瓦斯可作为汽车的动力。

3）瓦斯可以用来制造炭黑。炭黑不仅是橡胶工业不可缺少的补强剂，还可以用来生产油墨、油漆等。

4）瓦斯制取甲醛。甲醛是化工和人造纤维不可缺少的原料。

5）瓦斯、氢和空气混合，在1 000℃的高温下可以制成氢氰酸，它是制造杀虫剂、染料、人造橡胶和人造毛的原料。

6）瓦斯还是某些药品的原料。

49. 抽放瓦斯的条件是什么？

《煤矿安全规程》规定以下三类矿井必须进行瓦斯抽放：

（1）1个采煤工作面的瓦斯涌出量大于5 m^3/min或1个掘进工作面瓦斯涌出量大于3 m^3/min，用通风方法解决瓦斯问题是不合理的。

（2）矿井绝对瓦斯涌出量达到以下条件的：

大于或等于40 m^3/min；

年产量1.0～1.5 Mt的矿井，大于30 m^3/min；

年产量0.6～1.0 Mt的矿井，大于25 m^3/min；

年产量0.4～0.6 Mt的矿井，大于20 m^3/min；

年产量小于或等于0.4 Mt的矿井，大于15 m^3/min。

（3）开采有煤与瓦斯突出危险煤层的。

50. 井下临时抽放瓦斯泵站应遵守哪些规定？

井下临时抽放瓦斯泵站是煤矿井下重要的作业场所，也是事关矿井安全和人身健康的关键地点。《煤矿安全规程》第147条规定井下临时抽放瓦斯泵站应遵守以下要求。

（1）泵房必须用不燃性材料建筑，泵房和泵房周围 20 m 范围内禁止堆积易燃物和有明火。

（2）抽放瓦斯泵及其附属设备至少应有 1 套备用。

（3）泵房必须有直通矿调度室的电话和检测管道瓦斯浓度、流量、压力等参数的仪表或自动监测系统。

（4）干式抽放瓦斯泵吸气侧管路系统中，必须装设有防回火、防回气和防爆炸作用的安全装置，并定期检查，保持性能良好。抽瓦斯泵站放空管的高度应超过泵房房顶 3 m。

（5）泵房必须有专人值班，经常检测各参数，做好记录。当抽放瓦斯泵停止运转时，必须立即向矿调度室报告。如果利用瓦斯，在瓦斯泵停止运转后和恢复运转前，必须通知使用瓦斯的单位，取得同意后，方可供应瓦斯。

（6）临时抽放瓦斯泵站应安设在抽放瓦斯地点附近的新鲜风流中。

（7）抽出的瓦斯可引排到地面、总回风巷、一翼回风巷或分区回风巷，但必须保证稀释后风流中的瓦斯浓度不超限。在建有地面永久抽放系统的矿井，临时泵站抽出的瓦斯可送至永久抽放系统的管路，但矿井抽放系统的瓦斯浓度必须符合有关规定。

（8）抽出的瓦斯排入回风巷时，在排瓦斯管路出口必须设置栅栏、悬挂警戒牌等。栅栏设置的位置是上风侧距管路出口 5 m、下风侧距管路出口 30 m，两栅栏间禁止任何作业。

（9）在下风侧栅栏外必须设甲烷断电仪或矿井安全监控系统的甲烷传感器，巷道风流中瓦斯浓度超限时，实现报警、断电，并进行处理。

（10）利用瓦斯时，在利用瓦斯的系统中必须装设有防回火、防回气和防爆炸作用的安全装置。采用干式抽放瓦斯设备时，抽放瓦斯浓度不得低于25%。瓦斯浓度低于30%时，不得作为燃气直接燃烧；用于内燃机发电或作其他用途时，瓦斯的利用、输送必须按有关标准的规定，并制定安全技术措施。

（11）抽放容易自燃和自燃煤层的采空区瓦斯时，必须经常检查一氧化碳浓度和气体温度等有关参数的变化，发现有自然发火征兆时，应立即采取措施。

（12）矿井上、下敷设的瓦斯管路，不得与带电物体接触并应有防止砸坏管路的措施。

51. 煤（岩）与瓦斯（二氧化碳）突出有哪些规律？

煤（岩）与瓦斯（二氧化碳）突出是煤矿中一种极为复杂的动力现象，是威胁煤矿安全生产的严重自然灾害之一。当突出发生时，大量的煤（岩）与瓦斯（二氧化碳）在极短的时间内突然涌向巷道和工作面空间，毁坏巷道支架和工作面支护，掩埋机械设备和人员、使人中毒甚至引发瓦斯、煤尘爆炸，对矿井安全生产危害十分巨大。

尽管煤（岩）与瓦斯（二氧化碳）突出具有极强的随机性，但还是有规律可循的，只要我们认识这些规律，及时发现突出预兆，采取有效的措施，是可以做到控制其影响范围、减少伤亡事故的。所以，《煤矿安全规程》规定，当发现有突出预兆时，立即组织人员按照避灾路线撤出，并报告矿调度室。

煤（岩）与瓦斯（二氧化碳）突出一般有如下规律：

（1）突出发生在一定深度上。随煤层深度的增加，突出的危险性增大，即突出的次数增多，突出强度增大，突出煤层的层数增加，突出危险区域增大。

（2）突出的强度和次数随煤层厚度（特别是软煤层厚度）增加而增多，突出最严重的煤层一般都是特厚的主采煤层。

（3）突出的主要气体是瓦斯，个别矿井突出的气体是二氧化碳。一般突出都发生在高瓦斯矿井。同一煤层中瓦斯压力越高的地方，突出危险性越大，发生突出的瓦斯压力一般都在 500 kPa 以上。

（4）突出煤层的特点是煤的强度低、变化大、透气性差，瓦斯放散度高、湿度小、层里紊乱、地质破坏大。

（5）由于煤的自重影响，向上方向掘进巷道时突出较多，向下方向掘进巷道突出较小，突出次数随煤层倾角的增大而增加。

（6）突出危险区呈带状分布，如向斜轴部地区、向斜轴与断层或褶曲交会地区，火成岩侵入形成的变质煤或非变质煤交混地区等地质构造附近。

（7）绝大多数突出发生在落煤时，尤其是在爆破时。

（8）突出危险性随硬而厚的顶板存在而增大。

（9）大多数突出之前都有预兆。煤与瓦斯突出分有声预兆和无声预兆两种。

1）煤与瓦斯突出的有声预兆：

①煤炮（指的是深部岩层或煤层的劈裂声）响声。

②支架变形（如支柱、顶梁折断或位移）发出的声音。

③煤（岩）开裂、片帮、掉矸或底鼓发出的响声。

④瓦斯涌出异常，打钻喷瓦斯、喷煤，出现响声、风声和蜂鸣声。

⑤气体穿过含水裂隙的“嘶嘶”声。

2）煤与瓦斯突出的无声预兆：

①煤层结构变化。层理紊乱、煤层变软、煤层厚度变大、倾角变陡、煤层湿度变干、光泽暗淡。

②煤层构造变化。挤压褶曲，波状起伏，顶、底板阶梯凸起，出现新断层。

③瓦斯涌出量变化。瓦斯浓度忽大忽小、煤尘增大、气温变冷、气味异常。

◎真实案例

2009 年 12 月 28 日 1 点 50 分，云南楚雄州某煤矿工人罗××等 2 人在井口值班过程中发现安全检测监控系统报警，遂对井口进行查看后，发现井口出现黑烟，立即到井下探查，发现瓦斯超限。罗××等人便及时向矿井领导报告，经该矿技术人员下井查看，初步认定为大巷掘进迎头发生煤与瓦斯突出，矸石与煤从迎头堆积到总回风巷约 300 m。发生事故的矿井受瓦斯突出影响，矿井内煤层、煤矸石等出现垮塌，造成井下大巷迎头的 6 名矿工、二平巷的 5 名矿工在井内下落不明。

52. “四位一体”综合防突措施是什么？

目前，我国煤矿重、特大瓦斯事故仍时有发生，其中煤与瓦斯突出事故多发，在瓦斯事故中所占比例逐年上升，已成为影响煤矿安全形势持续好转的主要灾害事故。2008 年全国煤矿共发生重、特大突出事故 10 起，占重、特大瓦斯事故起数的 55.6%；重、特大突出事故死亡 172 人，占重、特大瓦斯事故死亡人数的 48.9%。在较大以上瓦斯事故中，突出事故起数所占比重 43.4%、死亡人数所占比重为 46.8%。严格规范煤与瓦斯突出防治是当前煤矿安全生产工作的一项紧迫的任务。

《煤矿安全规程》规定，突出矿开在编制年度、季度、月生产建设计划的同时，必须编制防治突出措施计划。同时，又明确规定开采突出煤层时，必须采取突出危险性预测、防治突出措施、防治突出措施的效果检验和安全防护措施等综合防突措施，这就是人们通常所说的“四位一体”综合防突措施。

（1）突出危险性预测。通过对煤与瓦斯突出危险性进行预测，根据突出危险性预测结果和对突出危险程度的划分，指导选择应采取的不同防突措施，可以使防突措施具有科学性、可靠性和合理性。所以，对煤与瓦斯突出危险性进行预测是“四位一体”综合防突措施的第一个环节。

1）区域突出危险性预测：

①区域预测一般根据煤层瓦斯参数结合瓦斯地质分析的方法进行，也可以采用其他经试验证实有效的方法。

②根据煤层瓦斯压力或者瓦斯含量进行区域预测的临界值应当由具有突出危险性鉴定资质的单位进行试验考察。在试验前和应用前应当由煤矿企业技术负责人批准。

③区域预测新方法的研究试验应当由具有突出危险性鉴定资质的单位进行，并在试验前由煤矿企业技术负责人批准。

2）工作面突出危险性预测：

①应针对各煤层发生煤与瓦斯突出的特点和条件试验确定工作面预测的敏感指标和临界值，并作为判断工作面突出危险性的主要依据。试验应当由具有突出危险性鉴定资质的单位进行，在试验前和应用前应当由煤矿企业技术负责人批准。

②石门、立井和斜井揭煤工作面的突出危险性预测应当选用综合指标法、钻屑瓦斯解吸指标法或其他经实践证实有效的方法进行。

③煤巷掘进工作面的突出危险性预测应当选用钻屑指标法、复合指标法、R 值指标法或其他经实践证实有效的方法进行。

（2）防治突出措施：

1）区域防治突出措施。区域防治突出措施指的是，在突出煤层进行采掘前，对突出煤层进行较大范围采取的防突措施。

①开采保护层。开采保护层包括上开采保护层和下开采保护层二种方式。

②预抽煤层瓦斯。预抽煤层瓦斯包括地面井预抽煤层瓦斯以及井下穿（顺）层钻孔预抽煤层瓦斯两种方式。

2）工作面防治突出措施。工作面防治突出措施指的是，针对经工作面突出危险性预测尚有突出危险的工作面实施的防突措施。

石门、立井和斜井揭煤工作面的防突措施包括预抽瓦斯、排放钻孔、水力冲孔、金属骨架、煤体固化、煤体注水或其他经实践证实有效的措施。

（3）防治突出措施的效果检验。采取防治突出措施后，还要进行措施的效果检验，经检验证实措施有效后，方可采取安全防护措施进行作业；如果经检验证实措施无效，则必须采取防治突出补充措施并经检验证实措施有效后，方可采取安全防护措施进行作业。

1）区域防治突出措施效果检验：

①开采保护层效果检验主要采用残余瓦斯压力、残余瓦斯含量、顶底板位移量及其他经实践证实有效的指标和方法，也可以结合煤层的透气性系数变化率等辅助指标。

②预抽煤层瓦斯效果检验应当以预抽区域的煤层残余瓦斯压力或残余瓦斯含量为主要指标及其他经实践证实有效的指标和方法。

2）工作面防治突出措施效果检验：

①检验所实施的工作面防治突出措施是否达到了设计要求和满足有关的规章、标准等，并了解、收集工作面及实施措施的相关情况、突出预兆（包括喷孔、卡钻）等，作为措施效果检验报告的内容之一，用于综后分析、判断。

②各检验指标的测定情况及主要数据。

（4）安全防护措施。由于煤与瓦斯突出的原因至今仍未清楚掌握，防止突出措施也很难彻底有效地预防突出的发生。所以，必须具有一整套完善的安全防护措施，在一旦发生突出后，能够保证现场作业人员的生命安全。安全防护措施是“四位一体”综合防突措施的最后一个环节。

安全防护措施主要包括远距离爆破、避难硐室、反向风门、设置挡栏、压风自救系统和自救器五种。

◎**真实案例**

2010 年 3 月 31 日 19 点 20 分左右，河南某煤业有限公司井下 21 采煤工作面回风巷施工过程中瓦斯突出，逆流从负井口涌出，遇火在地面发生爆炸。截至 4 月 6 日晚，经初步核实，矿难发生时当班井下人员共有 98 人，其中安全升井 57 人，已经确认死亡 35 人，6 人失踪，爆炸还造成地面人员 5 死 1 伤。

现场抢险救援指挥部称，矿难发生后，由于矿长和县政府派驻的驻矿安监员逃逸，地面存放有关下井人员资料的矿灯房被完全损毁，加之企业用工混乱，下井人数由包工头确定，企业没有统一的人员调度安排，没有花名册、工资册、职工档案、劳动合同等原因，严重影响了人员核查的工作进度。

事故责任人的追捕工作进展顺利。5 日下午，1 名事故发生后逃逸的驻矿安监员投案。通过有关部门多渠道做工作，6 日上午，2 名该煤矿重要知情人员主动到现场抢险救援指挥部说明情况，配合救援工作。

53. 开采保护层的作用是什么？

开采保护层是最有效、最可靠的防突措施。所以，《煤矿安全规程》规定，对于有突出危险煤层，应采取开采保护层区域性防突措施。开采保护层的作用如下：

（1）缓和与降低了地应力。保护层被开采后，由于形成了开采空间，岩石移动，使煤层的紧张状态得到缓和，弹性潜能得到缓慢释放，地应力减小了。

（2）由于卸压和岩石移动，使煤层发生膨胀变形产生裂隙，煤层透气性增加，瓦斯流动阻力减小，吸附的瓦斯大量解吸、排出，煤层中的瓦斯压力得以降低。

(3) 增加了被保护煤层的机械强度。根据测定，开采保护层后，被保护层煤的硬度一般比原来的增加 3 倍左右。

54. 突出煤层采掘有哪些安全防护措施?

煤与瓦斯突出既有危险性，又有突发性，目前在很大程度上具有不可知性，所以要预防和预知它的产生还是难以实现的。在目前技术条件下，要防治突出事故带来的人员伤亡，首先要弄清它发生的地区、范围，再采取必要的、可行的防治措施，使其不突然发生，降低突出强度，保证作业人员的安全，必须采取“四位一体”综合防突措施。

“四位一体”综合防突措施指的是，突出危险性预测、防治突出措施、防治突出措施的效果检验和安全防护措施。安全防护措施是“四位一体”综合防突措施的最后一个环节。《煤矿安全规程》明确了安全防护措施的内容。

井巷揭穿突出煤层破坏了煤体原始应力的平衡状态，极容易使煤体中的潜能得到快速释放，具有很大的危险性。据资料统计，我国千吨以上的特大型突出事故有 90%发生在井巷揭穿突出煤层过程中，同时强度也大，井巷揭穿突出煤层发生突出的强度为煤巷发生突出的强度的 7～14 倍，有的甚至高达 40 倍。

◎真实案例

某年 5 月 14 日，重庆某矿务局二井＋352 m 石门揭穿 K_3煤层，发生大型煤与瓦斯突出事故，突出煤量 1 000 t 左右，堵塞巷道250多米，全井充满瓦斯，瓦斯和煤尘逆风流900多米冲出平硐口，造成全井窒息死亡125人、轻伤16人的特大伤亡事故。

井巷揭穿突出煤层和在突出煤层中进行采掘作业主要有以下五种安全防护措施：

（1）远距离爆破。在井巷揭穿突出煤层和在突出煤层中采用爆破作业时，必须采用远距离爆破。石门揭穿突出煤层远距离爆破时，必须制定专项安全技术措施，包括爆破地点、避灾路线及停电、撤人和警戒范围等；在尚未构成全风压通风的矿井，石门揭穿突出煤层远距离爆破时，全部井下人员必须撤至地面，井下必须全部断电，立井口附近地面 20 m 范围内或斜井口前方 50 m、两侧 20 m 范围内严禁火源；远距离爆破的操纵地点应设在进风侧反向风门之外的全风压通风的新鲜风流中或避难硐室内，煤巷掘进工作面爆破地点距工作面的距离根据现场实际情况而定，但不得小于 300 m；采煤工作面爆破地点距工作面的距离根据现场实际情况而定，但不得小于 100 m；远距离爆破时，回风系统的采掘工作面以及有人作业的地点，都必须停电撤人；爆破 30 min 后，方可进入工作面检查，具体时间根据现场实际情况而定。

禁止采取震动爆破。震动爆破的实质是一种诱导突出的措施，在以往作为一种安全防护措施加以采用。经实践经验证明，在井巷揭穿突出煤层和在突出煤层中进行采掘作业过程时采取震动爆破，往往由于炸药的巨大能量改变工作面附近的煤岩体中应力的状态而引起煤与瓦斯突出，甚至造成人员伤亡，这些教训是沉重的。所以，《煤矿安全规程》在修改时删去了这一条措施。

但是，由于薄煤层一般瓦斯含量较小，即使发生突出强度也不大。所以《煤矿安全规程》规定，在厚度小于 0.3 m 的突出煤层，可采用震动爆破揭穿。震动爆破必须有独立的回风系统，其进风侧应设置两道坚固反向风门，回风系统严禁人员通行或作业。如果震动爆破未能一次揭穿煤层，在掘进剩余部分时，仍必须采取预防突出措施。

（2）避难硐室。避难硐室是井下紧急避险设施之一，可分为永久避难硐室和临时避难硐室。

永久避难硐室指的是设置在井底车场、水平、采区（盘区）避灾路线上，具有紧急避险功能的井下专用巷道硐室，服务于整个矿井、水平和采区，服务年限一般不低于 5 年。

临时避难硐室指的是设置在采掘区域或采区（盘区）避灾路线上，具有紧急避险功能的井下专用巷道硐室，服务于采掘工作面及其附近区域，服务年限一般不大于 5 年。

临时避难硐室应设两道向外开启的隔离门，室内净高不得低于 1.85 m，长度和宽度应根据同时避难的最多人数确定，但至少能满足 10 人避难，且每人占用面积不得少于 0.9 m^2。避难硐室内支护必须保持良好，并设有与矿（井）调度室直通的电话。

避难硐室内应放置食品、饮用水，安设供给空气的设施，每人供风量不得少于 0.5 m^2/min。如果用压缩空气供风时，应有减压装置和带有阀门控制的呼吸嘴。在无任何外界支持的情况下额定防护时间不低于 96 h。

避难硐室内应根据避难最多人数配备足够数量的隔离式自救器，有效防护时间不低于 45 min。

煤与瓦斯突出矿井应建设采区避难硐室。突出煤层的掘进巷道和采煤工作面推进长度超过 500 m 时，应在距离 500 m 范围内建设临时避难硐室或设置可移动式救生舱。

（3）反向风门。在石门揭穿突出煤层和煤巷掘进工作面进风侧，必须设置至少 2 道牢固可靠的反向风门。

1）2 道反向风门之间的距离不得小于 4 m。

2）反向风门距工作面回风巷不得小于 10 m，与工作面的最近距离一般不得小于 70 m，如小于 70 m 应设置至少 3 道反向风门。

3）反向风门墙垛掏槽深度，岩巷不得小于 0.2 m，煤巷不得小于 0.5 m。

4）通过反向风门墙垛的风筒、水沟和刮板输送机等，必须设有逆向隔断装置。

5）人员进入工作面时必须把反向风门打开、顶牢。工作面爆破和无人时，反向风门必须关闭。

（4）设置挡栏。石门揭开煤层时，为了降低突出强度，减小突出对矿井安全生产的危害，应采用设置挡栏的措施。挡栏距工作面距离应根据预计的突出强度在设计中确定。挡栏设置的形式可有以下五种：

1）金属网挡栏：

小型挡栏用于煤巷，用直径 6 mm 钢丝编织成网。

中型挡栏用于半煤巷，在圆钢上铺金属网。

大型挡栏用于岩巷，由槽钢组成，排列成棚状框架，相互以卡箍固定，再在框架上铺金属网，斜撑在巷道中。

2）型钢加木支柱挡栏。型钢加木支柱挡栏由工字钢和 1～2 排木支柱组成，为方便行人，在挡栏下部留有小于 0.8 m 的通道。

3）钢丝绳挡栏。用直径 22～25 mm 的钢丝绳做成。距工作面 3.0～3.5 m，距底板 0.5～0.6 m，距顶板 0.6～0.7，钢丝绳间距 0.15～0.2 m。

4）矸石堆和木垛挡栏。矸石堆和木垛挡栏就地取材，简单易行。

5）移动式气囊挡栏。移动式气囊挡栏采用专门的气囊，使用后如果没有发生突出，还可以回收重复使用。

（5）压风自救系统：

1）压风自救系统安设在井下采掘工作面巷道的压缩空气管道上。

2）压风自救系统应设置在距采掘工作面 25～40 m 的巷道内、爆破地点、撤离人员与警戒人员所在位置以及回风巷有人作业处。在长距离的掘进巷道中，应每隔 50 m 设置一组压风自救系统。

每组压风自救系统一般可供 5～8 个人使用，压缩空气供给量平均每人不得少于 0.3 m^3/min。

3）突出矿井入井人员必须携带隔离式自救器。

55. 矿尘有哪些危害?

矿尘对人体健康和矿井安全存在着严重危害，主要表现在以下几方面：

（1）对人体健康的危害。长期吸入大量的矿尘，轻者引起呼吸道炎症，重者导致尘肺病。同时，皮肤沾染矿尘，阻塞毛孔，能引起皮肤病或发炎，矿尘还会刺激眼膜。

（2）煤尘爆炸。煤尘在一定条件下可以爆炸，煤尘爆炸是煤矿五大灾害之一。对于瓦斯矿井，发生瓦斯爆炸时煤尘也有可能同时参与爆炸，使爆炸破坏程度加剧。

（3）污染作业环境。矿尘增大，会降低作业场所和巷道能见度，不仅影响劳动效率，还容易导致误操作、误判断，往往造成作业人员伤亡。

（4）对机械设备的危害。矿尘能加速机械磨损，缩短使用寿命，增加人员对设备的维修工作量。

◎真实案例

某年 5 月 9 日 13 点 45 分，山西某煤矿煤尘积存非常严重，14 号井翻笼附近 3 m 处由于煤尘飞扬几乎看不见人，100 W 灯泡就像一个小红点。电机车通过该翻笼时因为运行不稳，接电弓与架空线接触不良发生强烈电火花，引爆了煤尘。当时井下共有职工 912 人，经过 6 昼夜抢救，除 228 人脱险外，其余 684 名职工遇难（包括未出井者 110 人）。其中有矿级领导 3 人，科级干部 16 人，整个煤矿惨遭破坏，造成了极其严重的损失。

56. 煤尘爆炸的条件是什么？

煤尘必须同时具备以下三个条件才能发生爆炸，缺一不可。

（1）具有能够爆炸的煤尘悬浮浓度。煤尘本身有的具有爆炸性，有的不具有爆炸性，一般认为煤的挥发分大于 10%时，基本上属于爆炸性煤尘。爆炸性煤尘根据其爆炸指数的大小来判定爆炸程度的强弱。煤尘本身是否具有爆炸性必须经由国家授权单位进行鉴定。

具有爆炸性的煤尘只有在空气中呈悬浮状态，并且质量浓度达到 45～2 000 g/m^3 时才能发生爆炸。爆炸威力最强时煤尘质量浓度为 300～400 g/m^3。

井下空气中如果有瓦斯和煤尘同时存在，可以相互降低两者的爆炸下限，从而增加瓦斯煤尘爆炸的危险性。

(2) 具有点燃引爆煤尘的高温热源。煤尘引爆温度因煤尘性质及所处条件的不同变化较大，在正常情况下，煤尘爆炸时的引爆温度为 610～1 050℃，一般为 700～800℃。其引爆火源种类同瓦斯引爆火源种类，在井下作业地点很容易产生。

(3) 具有浓度大于 18%的氧气。煤尘爆炸时空气中氧浓度必须大于 18%，但是即使小于 18%，也不能完全防止瓦斯和煤尘在空气中混合物的爆炸。

◎真实案例

某年 10 月 16 日，河北某煤矿 6231 采煤工作面在处理放煤眼堵眼时，采用放“糊炮”的方法，而发生明火，造成一起煤尘爆炸事故，死亡 2 人，重伤 33 人。

57. 煤尘爆炸有哪些危害?

煤尘爆炸的危害与瓦斯爆炸相同，只是程度不一样，主要表现在以下三个方面：

(1) 产生高温。煤尘爆炸产生的气体温度高达 2 300～

2 500℃，爆炸火焰最大传播速度为 1 120～1 800 m/s。

（2）产生高压。煤尘爆炸的理论压力为 735.5 kPa。高压产生巨大冲击波（分正向冲击和反向冲击两种），冲击波速度为 2 340 m/s。

（3）形成大量有害气体。煤尘爆炸后形成大量的二氧化碳和一氧化碳，一氧化碳浓度一般为 2%～3%，个别可高达 8%，它是造成人员大量伤亡的重要原因。

◎真实案例

某年 4 月 21 日 16 点 05 分，山西某煤矿因工作面停风造成瓦斯积聚，工人打眼试钻产生电火花引起瓦斯爆炸，冲击波扬起全矿巷道积尘，从而造成全矿井矿尘连续爆炸。这次瓦斯、煤尘爆炸事故毁坏 530 m 巷道，井下通风设施全部摧毁，摧毁平硐口 4 m，摧垮附近房屋 3.5 间，致使四点班井下 138 人和八点班未出井的 5 人和四点班正准备入井的 4 人，共计 147 人全部遇难，另有地面 2 人重伤、4 人轻伤。

58. 如何降低矿井产尘量？

煤矿井下生产过程中减少煤尘产生量和避免煤尘飞扬，是防止煤尘爆炸的根本途径。降尘措施主要有以下几方面：

（1）煤层注水。在回采前向煤层打眼注水，通过压力水将煤体预先湿润，以减少开采时产生煤尘。

（2）湿式打眼。使用水电钻打煤眼，以湿润眼内煤尘。

（3）喷雾洒水。对井下集中产尘点进行喷雾洒水，有效地捕获浮尘和湿润落尘。

（4）通风除尘。通风可以稀释和排除作业地点浮尘，防止过量落尘。除尘的关键是控制合理的风速。

（5）净化风流。使井巷中含尘空气通过水幕等设施、设备，将矿尘捕获，减少浮尘。

（6）水封爆破。使用专用水炮泥封堵炮眼，爆破时水的汽化可以降尘。

（7）清除落尘。在清除落尘时应使用水冲刷或将落尘湿润后再扫除，切忌用笤帚干扫。

59. 为什么要定期清除积尘？

在煤矿开采过程中会产生大量煤尘，即使防尘措施做得再好，也难以将煤尘全部带走，仍有一定量的煤尘沉积在巷道四周、支架和设备器材上，形成积尘。这些积尘一旦受到某种外力冲击，如发生爆炸、冲击地压、爆破、人员行走或风量突然加大等就会重新飞扬起来，给煤尘爆炸提出了尘源。所以，积尘是煤尘爆炸的重大隐患，必须采取积极措施进行清除。

◎真实案例

1999年8月24日17点，河南省某矿务局二矿由于经营十分困难，拖欠电费，区供电有限公司采取强行停电10 min，导致全矿停风，采空区内积存的大量高浓度瓦斯涌出，遇到2504火区明火，引起瓦斯爆炸；瓦斯爆炸冲击波荡起巷道沉积的煤尘，继而引起煤尘爆炸。据调查，事故发生时明显受到二次冲击波伤害，现场多处出现结焦物。

60. 煤矿尘肺病分为哪几种?

矿工长期过量地吸入细微粉尘而引起的以肺组织纤维化为主要症状的职业病叫做尘肺病。尘肺病按致病粉尘岩性可分以下三种:

(1) 矽肺病。长期过量地吸入含结晶型游离二氧化硅的岩尘可引起矽肺病。矿工在高浓度的岩尘空气中工作,如果防护不好,一般平均5～10年就会得矽肺病,有的短至2～3年就会得病。

(2) 煤肺病。长期过量地吸入煤尘所引起的尘肺病叫做煤肺病。煤肺病比矽肺病缓和些,且得病的年限较长,但最终也能使矿工丧失劳动能力。在高浓度的煤尘空气中工作,如果防护不好,一般10～15年可得煤肺病。

(3) 煤矽肺病。长期过量地接触煤尘又接触矽尘的矿工,可能得煤矽肺病。煤矽肺病的病情和得病年限比煤肺病严重得多,兼有煤肺病和矽肺病的特点。

61. 有哪些措施可以防止瓦斯煤尘爆炸灾害扩大?

瓦斯爆炸的突发性、瞬时性,使得在爆炸发生时难以进行救治。因此,防止灾害扩大的措施应该集中在灾害发生前的预备设施和灾害发生时的快速反应。具体的措施有隔爆、阻爆两个方面,即分区通风和利用爆炸产生的高温、冲击波设置自动阻爆装置。灾害预防处理计划的制订对快速有效的救灾也具有十分重要的意义。

（1）分区通风。分区通风是防止灾害蔓延扩大的有效措施。利用矿井开拓开采的分区布置，在各个采区之间、不同生产水平之间、矿井两翼之间自然分割（保护煤柱等）的基础上，布置必要的防止爆炸传播设施，可以实现井下灾害的分区管理。这样，使某一区域发生的灾害难以传播到相邻的区域，从而简化救灾抢险工作，防止灾害的扩大。

（2）隔爆、阻爆装置。当瓦斯爆炸发生后，依靠预先设置的隔爆装置可以阻止爆炸的传播，或减弱爆炸的强度、减小爆炸的燃烧温度，以破坏其传播的条件，尽可能地限制火焰的传播范围。

1）岩粉阻隔爆炸的蔓延。岩粉是不燃性细散粉尘，定期将岩粉撒布在积存煤尘的工作面和巷道中，可以阻碍煤尘爆炸的发生和瓦斯煤尘爆炸的传播。撒布的岩粉要求与煤尘混合，长度不少于 300 m，使不燃物含量大于 80%。岩粉棚是安装在巷道靠近顶板处的若干组台板，每块台板上存放大量岩粉。发生爆炸时，冲击波将台板摧垮使岩粉弥漫于巷道中，吸收爆炸火焰的热量及惰化空气，阻碍爆炸的传播。

2）用水预防和阻隔爆炸。在巷道中架设水棚的作用与岩粉棚的作用相同，只是用水槽或水袋代替岩粉板棚。要求每个水槽的容量为 40～75 L，总水量按巷道断面计算不低于 400 L/m^2，水棚长度不小于 30 m。岩粉的缺点是易受潮结块，需要经常更换，成本较高，国内外现在都广泛使用水代替岩粉隔爆。水的比热容比岩粉高 5 倍，汽化时吸热并能降低氧气的浓度，在爆炸的作用下比岩粉飞散快，隔爆效果较好。

3）自动式防爆棚。使用压力或温度传感器，在爆炸发生时探测爆炸波的传播，及时将预先放置的水、岩粉、氮气、二氧化碳、磷酸钙等喷洒到巷道中，从而达到自动、准确、可靠地扑灭爆炸火焰，防止爆炸蔓延的目的。常用的有自动水幕等。

（3）编制矿井灾害预防和处理计划。《煤矿安全规程》规定："煤矿企业必须编制年度灾害预防和处理计划，并根据具体情况及时修改。灾害预防和处理计划由矿长负责组织实施。煤矿企业每年必须至少组织1次矿井救灾演习。"针对可能发生的井下灾害，预先编制处理计划，是防止灾害扩大、及时抢险救灾的主要方法。

矿井灾害预防和处理计划针对煤矿易发生的各类事故，提出事故预防方案、措施和对事故出现的影响范围、程度的分析、事故处理的相关措施和人员的疏散计划。具体内容包括以下几方面：

1）矿井可能发生灾害事故地点的自然条件、生产环境和预防的事故性质、原因和预兆。

2）预防可能发生的各种灾害事故的技术措施和组织措施。

3）实施预防措施的单位和负责人。

4）安全迅速撤离人员的措施。

5）矿井发生灾害事故时的处理方法和措施。

6）处理灾害事故时的人员组织和分工。

7）有关矿井技术资料和图纸。

62. 矿井火灾有哪些特点？

煤矿井下火灾比地面火灾危害更大。除了与地面火灾一样烧伤人员、烧毁设备和煤炭资源以外，还具有以下特点：

(1) 由于煤矿井下空间有限，发生火灾时井下人员难以躲避，机械设备难以搬移，煤炭资源固定不动，因而造成的人员伤亡和国家财产、资源损失较一般地面火灾更为严重。

(2) 由于煤矿井下巷道空气有限，发生火灾时往往因缺氧产生一氧化碳。有害气体很难冲淡和排除，蔓延时间长，波及范围大，受害面广。在火灾造成的高温气流所经过的巷道中，会使人员中毒死亡。

(3) 井下火灾，特别是内因火灾，很难及早发现，也不易找到火源准确地点，有时发火点还难以接近，导致灭火救灾困难，火灾延续时间长，有的延续几个月甚至若干年都难以扑灭。

(4) 井下发生的火灾，还可能成为引发瓦斯和煤尘爆炸的火源，一旦引起瓦斯、煤尘爆炸事故，其后果更加惨重。用水灭火时还可能引发水煤气爆炸，使矿井灾害增大。

(5) 发生在井下倾斜巷道的火灾，还可能产生局部火风压造成风流逆转，使火焰和高温烟雾出现在发火点的进风侧或一些旁侧风流中，导致灾情扩大，给救灾工作造成困难和危险。

(6) 矿井火灾会烧毁矿井通风设施，使矿井通风系统紊乱，造成瓦斯积聚超限；火灾还会烧毁电气设备和电缆，造成提升和排水中断、通风停止，影响矿井安全生产和工人生命安全。

(7) 矿井火灾有时需要封闭火区处理，将会冻结煤炭的可采储量，严重影响矿井、采区的正常生产秩序。恢复生产时，需要启封火区。启封火区非常困难且危险性相当大。

◎真实案例

1990 年 5 月 8 日 11 点 35 分，黑龙江某煤矿在井下安装带式输送机，用气焊切割钢板时，飞溅火花引燃作业点附近残留的胶沫、胶条，由于灭火措施不当，导致胶带着火。井下工人无自救器，致使灾情扩大，人员伤亡严重。总工程师和机电副总工程师带领9名救护人员入井探险，没有认真执行《救护条例》，因井下火风压反风造成3名队员和2名领导遇难。这起特大火灾事故共死亡80人。

63. 矿井火灾分为哪几类?

矿井火灾是指发生在矿井井下各处的火灾以及发生在井口附近的地面火灾。矿井火灾是煤矿五大自然灾害之一，对煤矿安全生产威胁极大。

（1）外因火灾，它是指由于外来热源引起的火灾，如：

1）明火。吸烟、使用电炉或大功率灯泡及电焊、气焊等。

2）违章爆破。明火、动力线爆破，炮泥不足或炸药变质。

3）机械摩擦或撞击。带式输送机托辊过热、采掘机械截割夹石及顶板等。

4）电气设备失爆、电路短路及漏电。

5）瓦斯、煤尘爆炸。

◎真实案例

某年3月16日16点58分，辽宁抚顺某煤矿因矿井西部—280 m水平水泵房高压配电室二号电容器爆炸，发生火灾事故。可燃物猛烈燃烧产生的大量烟雾和有害气体蹿入采区，致使采区内作业人员被熏倒、窒息和一氧化碳中毒，共计死亡110人、重伤6人、轻伤25人。事故中烧毁电缆1万米，机电设备

170 台件，火药 3 t，雷管 10 万发，封闭采煤工作面 420 m，绞车道 2 条，回风道 2 条。

(2) 内因火灾，是指煤由于自身发生物理、化学变化而自燃引起的火灾。内因火灾主要发生在采空区。

◎真实案例

某年 4 月 27 日 2 点，湖北某煤矿竖井－90 m 煤巷在开凿与老火区贯通的立眼时，没有制定启封火区安全技术措施，煤层自然发火，引起老火区塌落，在立井出现煤油味，进而发生冒烟的情况。为了降温，错误地开动了主要通风机，使矿井风量骤增，助长了火势。后又在没有撤人的情况下盲目停止主要通风机，使井下风量骤减，风流紊乱，造成一氧化碳中毒死亡 35 人、轻伤 12 人的恶劣后果。同时报废巷道 350 m，投产时间推迟 10 个月，经济损失近巨大。

64. 煤炭自燃有哪几个发展阶段?

煤炭自燃的发生，一般要经过以下 3 个发展阶段：

(1) 低温度氧化阶段（潜伏期）。煤在常温下能吸附空气中的氧，在煤的表面生成一些不稳定的初级氧化物，其氧化放热量很少，煤的温度不会升高，但内部却在发生质的变化，在煤的潜伏期内表现出煤的质量略有增加，化学活性增强，着火温度降低。

(2) 自热阶段（自热期）。经过低温氧化阶段，煤被活化，煤的氧化速度加快，氧化放热量增大，煤温逐渐升高，此阶段叫做自热阶段。在煤的自热期内空气中的氧含量减少，一氧化碳和二氧化碳含量增加，当达到临界值温度（60～80℃）时，开始出现特殊的火灾气味，如煤油味、焦油味等。

（3）自燃阶段（自燃期）。燃烧阶段是煤从低温氧化发展到自燃的最后阶段。在煤的自燃期内空气中的氧含量显著减少，二氧化碳含量剧增，并产生更多的二氧化碳，在巷道内出现浓烈烟雾，有时还出现明火现象。

65. 如何确定自然发火隐患？

凡井下出现以下现象之一时，即确定为自然发火隐患。

（1）采空区或井巷风流中出现一氧化碳，其发生量呈上升趋势，但未达到自然发火临界指标。

（2）风流中出现二氧化碳，其发生量呈上升趋势，但尚未达到自然发火临界指标。

（3）煤炭、围岩、空气及水的温度升高，并超过正常温度，但尚未达到70℃。

（4）风流中氧浓度降低，且呈下降趋势。

66. 煤的自燃倾向性划分为哪几级？

煤的自燃倾向性是用来区分和衡量不同煤层发火危险程度的一项重要指标，也是对矿井煤层自然发火采取不同的针对性措施进行有效管理的主要依据。

目前，我国煤矿采取以每克干煤在常温（30℃）常压（$1.013\,3\times10^{5}$ Pa）条件下的吸氧量作为煤的自燃倾向性分级主要指标，将煤的自燃倾向性划分为以下三级：

（1）自燃等级Ⅰ级：自燃倾向性为容易自燃。常温常压条件下高硫煤、无烟煤的吸氧量大于或等于 1.00 $cm^3/g_{干煤}$，褐煤、烟煤类大于或等于 0.71 $cm^3/g_{干煤}$。含硫大于 2.00%。

（2）自燃等级Ⅱ级：自燃倾向性为自燃。常温常压条件下高硫煤、无烟煤的吸氧量大于或等于 0.81 $cm^3/g_{干煤}$，且小于 1.00 $cm^3/g_{干煤}$，褐煤、烟煤类为 0.41～0.70 $cm^3/g_{干煤}$。含硫大于或等于 2.00%。

（3）自燃等级Ⅲ级：自燃倾向性为不易自燃。常温常压条件下，高硫煤、无烟煤的吸氧量大于或等于 0.80 $cm^3/g_{干煤}$，褐煤、烟煤类小于或等于 0.40 $cm^3/g_{干煤}$。含硫小于 2.00%。

煤的自燃倾向性鉴定单位必须是国家授权单位。鉴定结果报省（自治区、直辖市）负责煤炭行业管理部门备案。

67. 有哪些情形时认定为“自然发火严重，未采取有效措施”？

自然发火危险矿井几乎在所有矿区都存在，因自燃破坏的煤炭资源，每年造成的经济损失达数十亿元。仅 1999 年全国共有 87 个大中型矿井因自然发火封闭火区 315 处，不但造成了严重的煤炭资源浪费，打乱了正常的生产衔接计划，还威胁着井下作业人员的人身安全。

但是，煤自然发火与外因火灾相比，具有发生、发展缓慢并有规律的演变过程，既可以采取有效措施及时发现它的存在，又可以采取有效措施及时中断它的形成和防止它的扩大。所以，自然发火严重必须采取有效措施。根据国家安全生产监督管理总局、国家煤矿安全监察局制定的《煤矿重大安全生产隐患认定办法（试行）》，有下列情形之一的，都认定为“自然发火严重，未采取有效措施”：

（1）开采容易自燃和自燃的煤层时，未编制防止自然发火设计或未按设计组织生产的。

（2）高瓦斯矿井采用放顶煤采煤法采取措施后仍不能有效防治煤层自然发火的。

（3）开采容易自燃和自燃煤层的矿井，未选定自然发火观测站或者观测点位置并建立监测系统、未建立自然发火预测预报制度，未按规定采取预防性灌浆或者全部充填、注惰性气体等措施的。

（4）有自然发火征兆没有采取相应的安全防范措施并继续生产的。

（5）开采容易自燃煤层未设置采区专用回风巷的。

68. 放顶煤开采容易自燃和自燃的厚及特厚煤层为什么容易自然发火?

采用放顶煤开采厚及特厚煤层时，主要受以下因素影响，容易发生自然发火：

（1）由于回采率较低，采空区内遗煤较多，为自然发火提供了大量的可燃性碎煤。

（2）由于放顶煤开采造成工作面顶板活动加剧，顶板冒落带高度增大，采空区往往不能及时冒落严实，为采空区漏风提供了条件。

（3）放顶煤开采比其他采煤方法推进速度慢，不能使采空区氧化自燃带很快甩人窒息带；同时，放顶煤开采采空区空间大，区内空气流动较慢，为采空区氧化自燃提供了良好的蓄热环境。

所以，《煤矿安全规程》规定，采用放顶煤采煤法开采容易自燃和自燃的厚及特厚煤层时，必须编制防止采空区自然发火的设计。

69. 人体如何感觉煤炭自燃？

人体感觉煤炭自燃的方法有以下几方面：

（1）视力感觉。煤炭从氧化到自燃初期生成水分，往往使巷道内温度增加，出现雾气或在巷壁挂有平行水珠；浅部开采时，冬季在地面钻孔中或塌陷区内发现冒出水蒸气或冰雪融化的现象；井下两股温度不同的风流汇合处还可能出现雾气。

（2）气味感觉。煤炭从自热到自燃过程中，氧气产物内有多种碳氢化合物，并产生煤油味、汽油味、松节油味或焦油味等气味。现场经验证明，当人们嗅到焦油味时，煤炭自燃就已经发展到一定程度了。

（3）温度感觉。煤炭从氧化到自燃过程中要放出热量，因此，从该处流出的水和逸散的空气温度要比平常高，煤壁温度也比其他地点煤壁温度高。

（4）疲劳感觉。煤炭氧化、自热和自燃都会释放出二氧化碳和一氧化碳等气体，这些有害气体会使人感到头痛、闷热、精神不振、不舒服，产生疲劳感觉，特别是群体出现以上感觉时更说明煤炭已经发生自燃。

70. 当井下发现火灾时应注意哪些安全事项?

当井下发现火灾时，应注意以下安全事项：

（1）任何人发现井下火灾时，都应根据火灾性质、灾区通风和瓦斯情况，立即采取一切可能的方法进行直接灭火，以控制火势。

（2）迅速报告矿调度室。

（3）矿调度室或现场区队、班组长应根据“矿井灾害预防和处理计划”中的有关规定，将所有可能受火灾威胁地区的人员撤离，并组织人员进行灭火救援。

（4）当电气设备着火时，应首先切断其电源，在切断电源前，只准使用不导电的灭火器材进行灭火。

（5）在抢救人员和灭火过程中，必须指定专人检查通风、瓦斯情况并制定防止爆炸和人员中毒的安全技术措施。

71. 火区熄灭条件是什么?

火区同时具有下列条件时，方可认为火已熄灭：

（1）火区内的空气温度下降到30℃以下，或与灾前该区日常温度相同。

（2）火区内空气中的氧气浓度下降到5%以下。

（3）火区内空气中不含有乙烯、乙炔，一氧化碳浓度在封闭期间内逐渐下降，并稳定在0.001%以下。

（4）火区流出水的温度在25℃以下，或与灾前该区的日常出水温度相同。

（5）上述 4 项指标持续稳定时间不得少于 1 个月。

72. 火区的启封应注意哪些安全事项？

火区的启封，根据《煤矿安全规程》规定，应做到：

（1）启封已熄灭的火区前，必须制定安全措施。

（2）启封火区时，应逐段恢复通风，同时测定回风流中有无一氧化碳。发现复燃征兆时，必须立即停止向火区送风，并重新封闭火区。

（3）启封火区和恢复火区初期通风等工作，必须由矿山救护队负责进行，火区回风流所经过巷道中的人员必须全部撤出。

（4）在启封火区工作完结后的 3 天内，每班必须由矿山救护队检查通风工作，并测定水温、空气温度和空气成分。只有在确认火区完全熄灭、通风等情况良好后，方可进行生产工作。

73. 矿井透水预兆有哪些？

井下发生透水事故前，一定都会出现某些预兆。《煤矿安全规程》中规定，发现透水预兆时，必须停止作业，采取措施，立即报告矿调度室，发出警报，撤出所有受水害威胁地点的人员。矿井透水主要预兆有：

（1）煤壁“挂红”。矿井水中含有铁的氧化物，渗透到煤壁呈暗红色水锈。

（2）煤壁“挂汗”。采掘工作面接近积水区时，水由于压力渗透到煤壁形成水珠，特别是新鲜切面潮湿非常明显。

（3）空气变冷。采掘工作面接近积水区时，气温骤然降低，煤壁发凉，人有阴凉的感觉。

（4）出现雾气。巷道内气温较高，积水渗透到煤壁后，由于蒸发形成雾气。

（5）“嘶嘶”水叫。井下高压积水向煤（岩）裂隙强烈挤压时与周围煤、岩壁摩擦而发出“嘶嘶”水叫声，在煤巷掘进时听到此声，说明即将突水。

（6）顶水加大。由于顶板上方水体压力的作用，使顶板出现裂隙，淋水越来越大。

（7）出现臭味。矿井老窑积水中含有硫化氢等气体，采掘工作面接近老窑积水时，会产生臭鸡蛋味。

（8）底板鼓起。底板受承压水（或积水区水）的作用，会出现底板鼓起。有时在底板上产生裂隙出现渗水，甚至出现压力水喷射出来。

（9）水色发浑。断层水和冲击层水常含有泥沙，涌水时水混浊，多为黄色。

（10）片帮冒顶。顶板和两帮由于受承压含水层（或积水区）的作用，常出现顶板来压、掉渣、冒顶和片帮等现象。

◎真实案例

2010年7月31日一天之内，全国煤矿发生了3起较大以上透水事故。分别是：

15时左右，吉林某煤矿发生一起较大透水事故，造成4人被困。事故的原因是：暴雨导致山洪暴发，浑江水暴涨，瞬间倒灌入杨树林煤矿塌陷区，经采空区进入煤矿，导致透水事故发生。

17时，黑龙江某煤矿发生一起重大透水事故，造成24人被困。初步分析事故的原因是：该矿在井下左二段3＃煤上山采掘过程中，煤层顶板受采动破坏后，断层破碎带与已关闭的旧煤矿采空区积水连通，导致透水事故发生。

23时左右，河南某煤业有限公司发生一起较大透水事故，造成3人被困。初步分析：该矿13100工采面回风巷掘进过程中发生底板透水。

74. 矿井有哪几种水源?

矿井主要有以下两种水源：

（1）地表水源。地表水源主要有降雨和下雪，以及地表上的江河、湖泊、沼泽、水库和洼地积水等。它们在一定条件下都可能通过各种通道进入矿井形成水害，同时还可能成为地下水的补给水源。

（2）地下水源：

1）老窑水。废弃的小煤窑、旧井巷和采空区的积水叫老窑水。老窑水一般静压大，积水多时常带出大量有害气体，危害性很大。

2）含水层水。煤系地层中的流沙层、砂岩层、砾岩层等，有丰富的裂隙可以积存水。

3）断层水。断层面上往往形成松散的破碎带，具有裂隙和孔洞，里面常有积水。

4）岩溶陷落柱水。石灰岩层长期受地下水侵蚀而形成溶洞，由于重力作用和地壳运动，上部的煤（岩）失去平衡而垮落，使煤系地层形成陷落柱，柱内充填物中常积存大量水。

5）钻孔水。在煤田地质勘探时打的钻孔，如果封闭不良，孔内常有水积存。

◎**真实案例**

某年 6 月 2 日 10 点 20 分，河北某煤矿 2171 综采工作面发生了一起世界采矿史上罕见的透水灾害，奥陶系岩溶强含水层的高压承压水经导水陷落柱溃入矿井，高峰期 11 h 平均突水量 2 053 m^3/min，历时 21 h 便淹没了一座年产 310 万吨开采近 20 年的大型机械化矿井。

75. 煤矿防治水十六字原则是什么?

煤矿防治水十六字原则指的是：预测预报、有疑必探、先探后掘、先治后采。它们的含义是：

“预测预报”指的是查清矿井水文地质条件，对水害做出分析判断，在矿井透水以前发出预警预报。

“有疑必探”指的是对可能构成水害威胁的区域、地点，采用钻探、物探、化探、连通试验等综合技术手段查明水害隐患。

“先探后掘”指的是首先进行综合探查和排除水害威胁，确认巷道掘进前方没有水害隐患后再掘进施工。

“先治后采”指的是根据查明的水害情况，采取有针对性的治理措施排除水害威胁后，再安排回采。

76. 煤矿防治水五项综合治理措施是什么?

根据《煤矿防治水规定》，煤矿防治水五项综合治理措施指的是防、堵、疏、排、截。它们的含义是：

“防”指的是合理留设各类防隔水煤（岩）柱。

“堵”指的是注浆封堵具有突水威胁的含水层和导水通道。

“疏”指的是探放老空水和对承压含水层进行疏水降压。

“排”指的是完善矿井排水系统。

“截”指的是加强地表水的截流治理。

77. 煤矿透水的基本条件是什么?

煤矿发生透水事故必须有两个基本条件：一是透水的水源，这种水源的水量是很大的，一旦涌入煤矿井巷中，井巷的外流能力或矿井的排水能力小于水量的涌入量；二是透水的通道，即水源涌入井巷必须通过一定的渠道，这种渠道能保证水源的水源源不断地涌入井巷，淹没井巷甚至整个矿井，含水和导水二者缺一不可。

水源主要有大气降水、地表水、地下水和采空区积水。

通道主要有：构造断裂破碎带与接触带，岩溶陷落柱，隐伏露头（天窗）和隔水层变薄区，采空区冒落裂隙带、地面岩溶塌陷坑、封闭不良的钻孔和矿井井筒等。

◎真实案例

2007 年 8 月 7 日，贵州某煤矿发生一起透水死亡 12 人事故，透水地点位于副斜井（全长 280 m）距井底 70 m 处，该处与相邻的废弃矿井采空区相连通，筑有永久封闭。由于下大雨，地面洪水通过临近废弃矿井采空区冲垮封闭后溃入副斜井井底，透水量约为 7 000 m^3。

78. 预防井下水害有哪些措施?

预防井下水害主要采取以下措施：

(1) 掌握水情。观测各种地下水源的变化，掌握地质构造位置、水文情况以及小煤窑开采分布范围。

(2) 疏水降压。在受水灾威胁和有水害危险的矿井或采区，进行专门的疏水工程，有计划、有步骤地将地下水进行疏放，达到安全开采水压。

(3) 探水放水。矿井必须做好水害分析预报，坚持“有疑必探、先探后掘”的探放水原则。

(4) 留设防水煤（岩）柱。对于各种水源，在一般情况下都应采取疏干或堵塞其入井通道等方式，彻底解决水的威胁。但有时这样做不合理或不可能，因此，需要留设一定宽度的煤（岩）柱来阻隔水源。

(5) 注浆堵水。将水泥砂浆等堵水材料，通过钻孔注入渗水地层的裂隙、渗洞、断层破碎带等，待其凝固硬化，将涌水通道充填堵塞，起到防水作用。

(6) 构筑防水设施。在井下巷道适当地点构筑防水闸门或预留挡水墙的位置，在水害发生时使之分区隔离、缩小灾情和控制水害范围，确保矿井安全。

79. 预防地面水淹井有哪些措施?

地面水如果有漏水通道与井下巷道相连通，会使矿井发生突然透水，暴雨和山洪连同杂物也可能从井口灌入造成淹井事故。判断是否是地面水为透水源，主要办法就是根据井上、下的水样和水量进行分析。地面水的预防措施主要有：

(1) 严禁开采煤层露头的防水煤柱。

(2) 容易积水的地点应修筑沟渠排泄积水。沟渠在修筑时应避开露头、裂隙和导水岩层。特别低洼地点不能修筑沟渠排水时，应将其填平、压实；如果范围大无法填平时，可建排洪站排水，防止积水渗入井下。

(3) 矿井受河流、山洪和滑坡威胁时，必须采取修筑堤坝、泄洪渠和防止滑坡的措施。

(4) 排到地面的矿井水，为防止再次通过露头、塌陷区裂隙等处渗入井下，必须采取修建石拱桥（沟渠）等排水措施，将矿井水排出矿区。

(5) 流经矿区的河流、冲沟、渠道等，有可能通过裂隙渗入井下时，则应在渗漏地段用黏土、料石或水泥铺底进行堵漏。地面裂隙和塌陷地点必须填塞。当流量大的河道流经矿区，而煤层顶板又没有足够厚度的隔水层时，可将河流改道。

(6) 每次降大到暴雨时，必须派人检查地面有无裂隙、老窑陷落和岩溶塌陷等现象，发现漏水必须及时处理。

◎真实案例

2007 年 7 月 28、29 日，河南省三门峡地区普降大雨，降雨 115 mm，造成山洪暴发。29 日 8 点 40 分山洪沿着某煤矿的铁炉沟河暴涨，造成位于河床中心废弃的铝土矿坑塌陷，洪水通过矿井上部老巷泄入煤矿，造成淹井灾害，69 人被水围困井下。经全力抢救 8 月 1 日 12 点 53 分全部脱险。

80. 老空积水有什么危害?

老空积水指的是煤矿采空区、老窑和已经报废井巷中积存的地下水。

由于古代的小煤窑和前几年一哄而上的私营小煤矿遍布矿区，以及近代煤矿的采空区及废弃巷道等，这些长期积存保留下来的老空区，储有大量水源，如果采掘工作面或巷道触及或接近它们，往往造成矿井透水事故或者使矿井涌水量突然增加。同时，老空透水时空气中常常伴随着大量硫化氢、二氧化碳与瓦斯等有害气体的涌出，有时会使人窒息、中毒，甚至死亡。

81. 为什么要进行井下探放水?

井下探放水的重要性可以从以下三方面理解：

（1）井下探放水是执行煤矿防治水原则的需要。井下探放水就要先进行探放水，然后再进行采掘活动，这是确保不发生透水事故、采掘安全生产的重要措施。

（2）井下探放水是贯彻国务院《特别规定》的需要。国务院2005年9月3日颁布的《国务院关于预防煤矿生产安全事故的特别规定》中明确规定：“有严重水患，未采取有效措施”的属于危及煤矿安全生产的十五种隐患和行为之一，必须立即停止生产，排除隐患。对存在的隐患不排查、不报告、不整改的，下达停产整顿指令，对拒不停产整顿的煤矿和停产整顿逾期不合格的煤矿，则依法予以关闭。国家安全生产监督管理总局和国家煤矿安全监察局又明确规定了“在有突水威胁区域进行采掘作业未按规定进行探放水的”“属于有严重水患，未采取有效措施”的五种情形之一。

（3）井下探放水是吸取煤矿透水事故教训的需要。从近年来发生的煤矿透水事故教训分析，由于地质资料不清，未实施井下探放水措施是主要原因。2007 年全国煤矿共发生较大水害和重大水害事故 31 起，其中 23 起是未探放水所致，占 74.2%。

◎真实案例

2007 年 7 月 18 日 20 点 30 分，湖南某煤矿由于煤上山和＋23 m 以上煤平巷没有探放水措施，工作面爆破打通采空区，导致老空积水瞬间涌出，使 5 名工人没有来得及逃离，被淹、埋致死；工作面透水冲出的煤矸和坑木撞破了一条带电的煤电钻电缆，电缆短路火花又引爆了工作面瓦斯，导致 1 人被烧伤。

82. 采掘工作面如何做好探放水工作?

（1）采掘工作面必须探水的条件。采掘工作面遇到下列情况之一时，必须确定探水线进行探水：

1）接近水淹或可能积水的井巷、老空或相邻煤矿时。

2）接近含水层、导水断层、溶洞和导水陷落柱时。

3）打开隔离煤柱放水时。

4）接近可能与河流、湖泊、水库、蓄水池、水井等相通的断层破碎带时。

5）接近有出水可能的钻孔时。

6）接近有水的灌浆区时。

7）接近其他可能出水地区时。

（2）探放水安全注意事项。探放水时要注意以下安全事项：

1）探水前，查明其空间位置、积水量和水压，根据具体情况和有关规定确定探水线。

2）放水前，要撤出探放水点部位受水害威胁区域的所有人员。

3）探放水时必须打中老空水体，要监视放水全过程，直至老空水放完为止。

4）钻孔接近老空，预计可能有瓦斯或其他有害气体涌出时，必须有瓦斯检查工或矿山救护队员在现场值班，检查空气成分。如果瓦斯或其他有害气体浓度超过本规程规定时，必须立即停止钻进，切断电源，撤出人员，并报告矿调度室，及时处理。

◎真实案例

2010 年 3 月 28 日山西某煤矿发生一起特大透水事故。据分析，该矿物探人员在 3 月 24 日、25 日发现 20101 回风巷掘进前方异常，但仍作出“可以正常掘进”的探测成果表；工程部部长、地质工程师轻易作出可以正常掘进的“水害预报”；项目部和监理部没有建议停工，透水事故预兆就这样被疏忽了。3 月 28 日上午工作面渗水，但项目部多名管理人员未采取果断措施停工撤人，进行钻探验证，于 13 点 12 分左右发生了透水事故，当时井下 261 人，其中 108 人安全上井，153 人被困井下。经千方百计抢救，至 4 月 5 日 14 点 10 分成功救出 115 人，仍造成 38 人死亡、直接经济损失近 5 000 万元。

83. 探放断层水作业有哪些安全注意事项?

探放断层水应注意以下安全事项：

（1）钻进时发现有透水预兆必须停止钻进，但不得拔出钻杆。在探放水钻孔钻进时，当煤岩出现松软、片帮、来压或钻孔中的水压、水量突然增大以及有顶钻等异常现象时，说明前方已经接近或触及了强含水体，这时如果继续钻进，或将钻杆拔出，极有可能造成更大的出水，乃至难以控制，甚至发生钻杆在拔出的过程中被高压水顶出伤人事故。

（2）在钻孔出现出水异常情况时，现场负责人员应立即向矿调度室报告，并派人监视水情。如果发现情况危急时，必须立即撤出所有受水威胁地区的人员，然后采取措施，进行处理。

（3）探放断层水的钻孔应结合探查断层结构来布置。在探查断层位置、产状要素、断层带宽度的同时，着重查明断层带的充水情况、含水层的接触关系和水力联通情况、静水压力和涌水量大小，以达到一孔多用的目的，如在正断层上盘巷道内，选择合适的地点，向下盘的含水层打钻孔，可以探明下盘含水层的情况。

（4）断层水探明后，应根据水的来源、水压和水量采取不同措施进行处理。若断层水来自强含水层，则要采取注浆封闭钻孔的方法，选择留设断层煤柱保证开采安全；若已进入煤柱范围的巷道要加以充填或封闭；若断层含水性不强，则可考虑放水疏干。

84. 矿井排水设备有哪些规定？

矿井排水设备主要有水泵、水管、配电设备、主要泵房和水仓。

（1）水泵。必须有工作、备用和检修的水泵。工作水泵的能力，应能在 20 h 内排出矿井 24 h 的正常涌水量（包括充填水及其他用水）。备用水泵的能力应不小于工作水泵能力的 70%。工作和备用水泵的总能力，应能在 20 h 内排出矿井 24 h 的最大涌水量。检修水泵的能力应不小于工作水泵能力的 25%。水文地质条件复杂的矿井，可在主泵房内预留安装一定数量水泵的位置。

（2）水管。必须有工作和备用的水管。工作水管的能力应能配合工作水泵在 20 h 内排出矿井 24 h 的正常涌水量。工作和备用水管的总能力，应能配合工作和备用水泵在 20 h 内排出矿井 24 h 的最大涌水量。

（3）配电设备。应同工作、备用以及检修水泵相适应，并能够同时开动工作和备用水泵。

（4）主要泵房。主要泵房至少有 2 个出口，一个出口用斜巷通到井筒，并应高出泵房底板 7 m 以上；另一个出口通到井底车场，在此出口通路内，应设置易于关闭的既能防水又能防火的密闭门。泵房和水仓的连接通道，应设置可靠的控制闸门。

（5）水仓。水仓必须有主仓和副仓，当一个水仓清理时，另一个水仓正常使用；水仓的有效容量应能容纳矿井 8 h 正常涌出量。水仓进口处应设置箅子。

85. 顶板事故有哪些特点？

顶板事故是指在井下建设和生产过程中，因为顶板意外冒落造成的人员伤亡、设备损坏和生产中止等事故。任何一个井下作业人员每时每刻都在和顶板打交道，疏忽了就要挨砸。

顶板事故是煤矿五大自然灾害之一。它的特点是：占全国煤矿事故总起数的比例和总死亡人数的比例最高；在特大事故中所占比例较小和一次死亡人数较少。据统计，2007 年全国煤矿顶板事故起数占全国煤矿事故总起数的 53.7%；顶板事故死亡人数占死亡总人数的 40.1%。但是，在重大事故中，顶板事故为 0；顶板事故一次死亡平均人数为 1.17 人。

86. 发生顶板事故的原因是什么？

发生顶板事故主要有以下两方面原因：

（1）客观原因：

1）采煤过程中因围岩应力重新分布、采煤方法选择不当和巷道布置位置不合理，所需支撑压力大于支护的支撑力，从而造成顶板垮落冒顶事故。

2）工作面遇到突然出现的地质构造，在正常作业情况之下，因设计时资料不全，也会发生冒顶现象。如采煤工作面出现小断层，工作中没注意分析与观察，采取通常的支护方法往往发生冒顶事故。

（2）主观原因：

1）采掘工作面规格质量低劣。控顶距离掌握不当；柱（棚）距过大；插背太少和支柱（架）歪扭、初撑力小。

2）违章操作。作业时不坚持敲帮问顶；发现隐患不及时排除；空顶作业；违章爆破；冒险回柱作业和随意砸、碰倒支柱（架）。

3）管理不善。煤矿生产管理不同于其他行业，井下生产条件随时有所变化，生产管理者不深入现场、不带班作业、不严格按三大规程办事、采掘工序安排不当、盲目开采、违章指挥和安全意识差等，常常会造成事故。

87. 预防冒顶的主要措施有哪些?

煤矿冒顶的原因很多，也很复杂，故预防冒顶的措施也是多方面的。一般来说，主要应采取以下 7 项措施：

（1）加强采掘工程质量，严格执行质量标准。严禁空顶作业，严禁在浮煤、矸石上架设支架，所有支架都必须迎山有劲；按《作业规程》规定严格控制控顶距，不得加大和缩小；炮眼布置、装药量和一次爆破距离都必须按章操作，防止爆破崩倒支架、崩冒顶板；严禁冒险回柱放顶。

（2）坚持顶板管理制度。作业时坚持敲帮问顶，掘进工作面使用前探梁；严格执行岗位责任制、质量验收制、现场交接班制和顶板分析制。

（3）不断提高安全操作技能。要按照《作业规程》的要求和《操作规程》的规定进行作业。严禁违章指挥、违章作业，不断提高全体作业人员的操作技能。

（4）充分掌握顶板压力分布的规律。根据顶板压力分布的规律科学地选择采煤方法、合理地布置巷道位置和确定支架形式，并进行顶板来压的预测预报，做好顶板安全的基础性工作。

（5）特殊条件下要采取有针对性的安全技术措施。采掘工作面遇到托伪顶、过断层、过老巷及地质破碎带等情况时，必须采取有针对性的爆破、支护和回柱放顶等措施，确保安全通过。

（6）加强巷道维修。要根据矿压显现情况，合理安排巷道维修人员，建立巷道维修制度，确保矿井巷道失修率不超过规定，采掘生产巷道畅通无阻。

(7) 根据具体情况处理冒顶。当冒顶发生后，处理方法不当可能造成事故扩大甚至伤及处理冒顶人员，所以必须根据冒顶的具体情况和当地实际情况，在确保抢救人员安全的前提下选择处理方法。

88. 发生冒顶有哪些预兆?

发生冒顶主要有以下十种预兆（有时并不全部出现）：

(1) 响声。顶板压力急剧增大时，支架或支柱下缩发生很大声响，有时还会出现顶板发生断裂的闷雷声（即煤炮、板炮）。

(2) 掉碴。顶板严重破裂时，出现顶板掉碴现象，掉碴越多，说明顶板压力越大。

(3) 片帮。冒顶前，煤壁所承受的支撑压力增加，煤变松软，片帮煤比平时增多，甚至还有煤的压出和突出。

(4) 裂隙。冒顶到来到之前，会出现新的裂隙或使原有裂缝加宽加深。

(5) 漏顶。破碎的伪顶或直接顶，在大面积冒落以前，有时会因背顶不严或支架不牢出现漏顶现象。漏顶后，支架棚梁托空，支架松动，当岩石继续冒落时，就会出现大面积冒顶事故。

(6) 脱层。顶板将要冒落时，往往出现顶板脱层现象，采用敲帮问顶法不容易发现，当基本顶冒落时，则将发生没有预兆的大面积冒顶或切顶。

(7) 淋水。有淋水的顶板，淋水量明显增加；甚至有的原本不淋水的顶板也出现淋水现象。

（8）漏液。顶板来压时发生下沉，使支架载荷迅速上升，单体液压支柱和自移式液压支架安全阀出现自动漏液现象。

（9）变形。由于顶板压力加剧对支架的作用，支架出现歪扭变形现象，甚至难以控制顶板，会立即冒顶。

（10）瓦斯。冒顶时有时瓦斯涌出量会突然增加。

89. 预防掘进工作面迎头冒顶事故的措施有哪些？

掘进工作面迎头支架架设时间短，未压上劲，容易被爆破崩倒；人员作业经常在空顶条件下进行；同时受到地质构造变化影响，所以，掘进迎头冒顶事故较多。预防掘进工作面迎头冒顶事故主要有以下措施：

（1）根据掘进工作面顶板岩石性质，严格控制空顶距，坚持使用超前支护。

（2）严格执行敲帮问顶。

（3）在地质破碎带或层理裂隙发育区等压力较大处要缩小棚距。

（4）合理布置炮眼和装药量，以防崩倒支架或崩冒顶板。

（5）在掘进迎头往后 10 m 范围内采用金属拉杆或木拉条把棚子连成一体，必要时还须打中柱以抵抗顶板突然来压和爆破冲击。

90. 预防巷道交叉处冒顶事故的措施有哪些？

巷道交叉处控顶面积大，支护复杂，是预防巷道冒顶的重点部位。预防巷道交叉处冒顶事故主要有以下措施：

(1) 开岔口应尽量避开原来巷道冒顶范围、废弃巷道和硐室。

(2) 必须在开口抬棚支设稳定后，再拆除原巷道支架棚腿。

(3) 抬棚材料要选用合格的质量与规格，保证其强度。

(4) 当开口处围岩尖角被压坏时，应及时采取加强抬棚稳定性措施。

(5) 抬棚上顶空洞必须堵塞严实，空洞高度较大时必须码木垛接顶。在码木垛时，作业人员应站在安全地点，并设专人观察顶板。

91. 根据不同力学原因将冒顶事故划分为哪几类?

根据力学原因不同可将冒顶事故划分为以下三类：

(1) 坚硬顶板压垮型冒顶。坚硬顶板压垮型冒顶指的是，采空区内大面积悬露的坚硬顶板在短时间内突然塌落，将工作面压垮而造成的大型顶板事故。

◎真实案例

1999 年 6 月 29 日 11 点，山西吕梁地区某煤矿西 11 采煤工作面，由于回采以来一直未进行回柱放顶，最大控顶距达十几米。在组织回柱时，顶板第二次发出巨响，并剧烈下沉，发生冒落矸石、煤壁片帮现象。工作面冒顶范围长 25 m、宽 10～15 m、高 5～10 m。将向煤壁和回风平巷口方向逃离的 10 名工人埋压致死，1 人虽被矸石压倒围住，但未压紧，奋力将矸石、煤块扛开，最后脱险。

(2) 破碎顶板漏垮型冒顶。破碎顶板漏垮型冒顶指的是，在采煤工作面某个地点由于支护失效而发生局部漏冒，破碎顶板就有可能从该处开始沿工作面往上全部漏完，造成支架失稳，导致漏垮型冒顶事故。

◎**真实案例**

1998 年 1 月 18 日 12 点 50 分，河南平顶山市某煤矿丁 6 采煤工作面存在顶板破碎和支架不稳等重大隐患时，违章爆破，造成工作面局部冒顶，使上部丁 5 采煤工作面采空区大量矸石沿急倾斜工作面迅速冒落，导致工作面上部空顶，支架受力不均被急剧下落的矸石推垮，将工作面上部躲炮的 11 名工人全部压埋致死，1 名工人急速跑到距上风巷口 2 m 处，被强风吹倒后，爬着前行脱险。

(3) 复合顶板推垮型冒顶。复合顶板推垮型冒顶指的是，在工作面开采过程中，由于复合顶板的下部软岩下沉，与上部硬岩离层，支架处于失稳状态。一旦遇有外力作用，工作面支架因水平方向的推力而发生倾倒，造成推垮型冒顶事故。

◎**真实案例**

1988 年 11 月 3 日 8 点 20 分，安徽省淮南某煤矿 5104 采煤工作面在回柱放顶时，违反操作规程，在工作面中上部留有 51 棚未回柱的情况下，上下同时回柱，造成复合顶板压力集中，致使在回撤留下的支柱时发生冒顶，造成 3 人死亡、1 人重伤、1 人轻伤。

92. 坚硬难冒顶板有哪些预防冒顶的措施？

坚硬难冒顶板是指直接顶岩层比较完整、坚硬（固）、回柱放顶后不能立即垮落的顶板。坚硬难冒顶板容易发生压垮型冒顶事故。预防坚硬难冒顶板冒顶主要有以下措施：

（1）提前强制爆落顶板：

1）地面深孔爆破放顶。在悬顶区上方相对应的地面打钻至采空区顶板，然后进行扩孔和大药量爆破崩落顶板。

2）刀柱采空区强制放顶。在刀柱一侧向采空区顶板打垂直于工作面的深孔，进行爆破放顶。

3）垂直于工作面钻孔强制放顶。在垂直于工作面方向向采空区顶板钻眼爆破。

4）平行于工作面长钻孔强制放顶。在工作面前方未采动煤层上方顶板打平行于工作面的长钻孔，煤层开采后在采空区装药爆破，或者在煤层采动前爆破。

（2）灌注压力水处理坚硬难冒顶板。通过钻孔向顶板灌注压力水，能有效地软化和压裂顶板，提高放顶效果。

注水方法有超前工作面预注水、分层注水、采空区注水、超过工作面应力集中区注水等方法。

◎真实案例

1998年8月24日4点30分，山西省长治市某煤矿1207采煤工作面发生一起压垮性冒顶事故，死亡12人，受伤3人。

该工作面煤层基本无伪顶，直接顶为块状、坚硬、裂隙不发育的中砂岩，一般厚度3～5 m。煤层厚度1.8～2.2 m。8月10日，工作面三角形采空区最大悬顶距离达9 m，采用爆破强制放顶，顶板仍未完全垮落，形成一道宽2 m的人工放顶线。24日4点30分进行采煤作业时，工作面中部突然大面积冒顶，造成15

名作业人员死亡。

93. 破碎顶板有哪些预防冒顶的措施?

破碎顶板是指岩层的强度低、节理裂隙十分发育、整体性差、自稳能力低，并在工作面控顶区范围内维护困难的顶板。破碎顶板容易发生漏垮型冒顶事故，预防破碎顶板冒顶的措施是减小顶板暴露面积和缩短顶板暴露时间。预防破碎顶板冒顶主要有以下措施：

（1）使用单体支柱时：

1）及时挂梁或探板，及时打柱；顶板用小板或笆棍插严背实。

2）在机组割煤工作面采用“追机”支架的作业形式，以利于及时挂梁、移溜和支护。

3）如果煤壁松软，必须全部用木料处理严实。

4）采用少装药、每次同时爆破数少的办法爆破，尽量减小爆破对顶板的震动破坏。同时，爆破、回柱和割煤三大工序要相互错开 15 m 距离，以减小它们对顶板的叠加影响。

5）若顶板极度破碎，采用正常支护方式无法控制顶板时，应使用尖枪掏梁窝或打撞楔方法。

（2）使用综采时：

1）在机组割后及时伸出伸缩梁控制顶板，并将护帮装置伸出逼住煤帮。

2）采用超前移架、带压移架的方法。

3）若顶板极度破碎，应采用架设临时木托梁、木垛支护顶板，或者在顶梁上铺网护顶。

◎**真实案例**

2007年5月30日19点50分，宁夏某煤矿采煤三队11062炮采工作面由于顶板破碎，发生片帮漏顶，采用将漏下的煤矸拉空的方法进行维护处理，造成支护上方漏空，支护失去稳定性，导致20架支护发生冒顶，死亡2人。

94. 复合顶板有哪些预防冒顶的措施?

复合顶板是指煤层的顶板由厚度为0.5～2.0 m的下部软岩及上部硬岩组成，并且，它们之间有煤线或落层软弱岩层。复合顶板容易发生摧垮型冒顶事故。预防复合顶板冒顶主要有以下措施：

（1）严禁仰斜开采。采煤工作面应使下端稍落后于上端推进，形成伪俯斜开采，即使顶板下部软岩已经离层、断裂，也不会出现冒落，有效地防止摧垮型冒顶。

（2）运输平巷严禁挑顶掘进。运输平巷是采煤工作面刮板输送机下端头位置，控顶面积大，机头支架反复支撑，复合顶板反复松动，加剧了顶板的离层，如果运输平巷挑顶掘进，使离层断裂的顶板失去了阻力，从而发生冒顶事故。

（3）尽量避免回风平巷、运输平巷与工作面推进方向呈锐角相交。

（4）初采时不要反向推进。

（5）提高支架的稳定性，把采煤工作面支架连成“整体支架”，或者使用戗柱、斜撑抬板，阻止离层断裂岩块向下滑移发生冒顶。

◎**真实案例**

某年8月3日14点05分，贵州某煤矿二号井2233采煤工作面发生一起摧垮型冒顶事故，死亡7人，该工作面平均煤厚2 m，倾角8°～12°，直接顶为燧石灰岩，厚度为7～12 m，底板为砂质页岩。

事故当班该工作面正在推过一条老巷，再加上推进速度慢，给顶板离层创造了条件。冒顶发生时顶板压力不明显，没有明显征兆，来势猛，速度快，冒顶范围大（长18 m×宽7.2 m×高6 m），支柱均往煤壁方向倾倒，无折损。

95. 巷道维修和处理冒顶的一般原则是什么？

在巷道维修和处理冒顶时应遵循如下的一般原则：

（1）先外后里。先检查冒落带以外5 m范围内支架的完整性，有问题先处理好。如果一般范围巷道冒顶，要坚持先处理外面的，再逐渐向里处理，确保操作人员后路畅通。

（2）先支后拆。更换巷道支架时，先打临时支护或架设新支架，再拆除原有支架，以避免巷道因无支架而发生冒顶。

（3）先上后下。处理倾斜巷道冒顶事故时，应该由上端向下端依次进行，以防矸石、物料滚落和支架歪倒砸人。

（4）先近后远。一条巷道内多处冒顶时，必须坚持先处理离安全出口较近的一处，再处理离安全出口较远的一处，以防再次冒顶堵住通道。

（5）先顶后帮。在处理顺序上，必须注意先维护、支撑住顶板，再维护好两帮，确保操作人员安全。

◎真实案例

1990年8月22日2点20分，山东某煤矿5201采面第三条带新开门处，由于新开门处选在坡度大（38°）、上下有断层的地点，现场支护质量低劣，造成压力大，支架稳定性差。在当班4名工人进行维修处理时，没有观察好顶板，没有对掉落的棚梁采取临时支护，现场作业人员站立位置不当，两递料人员均站在架棚下方，煤壁突然发生片帮推倒新开门处上下六架棚，顶板冒落埋住4人，经抢救，1人重伤，3人死亡。

96. 处理冒顶有哪几种方案?

根据冒顶的具体条件，处理冒顶有以下三种方案：

（1）全断面处理法。全断面处理法即整巷法或一次成巷法。全断面处理法指的是，沿冒顶范围的两端由外向里，一次架设的新棚子与原棚子断面基本一致。它的优点是可避免多次松动原已破碎的顶板，缺点是进度较慢。当冒顶范围不大，垮落矸石块较小时可采取全断面处理法。

（2）小断面处理法。小断面处理法指的是，如果顶板冒落的矸石非常破碎，采取全断面处理方案不易通过时，可沿煤壁在下部先掘出一条小巷，以此作为临时通风、运输和行人之用，然后再扩大为原断面永久支架。它的优点是处理冒顶进度快，缺点是需要二次支护。

（3）绕道处理法。在冒顶范围很大、冒落高度很大和顶板岩石极不稳定的条件下，采用全断面处理法和小断面处理法相当困难、危险时，可采用开补绕道，然后由绕道向冒落带进行处理的方法。

97. 冒顶处理有哪些特殊施工方法？

冒顶处理要根据冒顶范围、冒落高度、顶板岩性和当时当地的采掘设备等因素而确定最佳施工方法。一般来说，冒顶处理有以下四种特殊施工方法：

（1）撞楔法。当冒落范围内仍在冒落顶板岩石，或者一动顶板碎矸就止不住地往下流，应该采取撞楔法。撞楔法是将预先制定的楔棍（铁或木）用力撞进冒落的碎矸中，抢救人员在撞楔保护下清除煤矸等物，然后进行支架。

（2）探板法。在冒顶范围不大、顶板没有冒落且矸石暂时停止下落时可采用探板法。这时先观察顶板，加固冒落带附近的支架，然后探木板，木板上方的空隙要背严，在木板保护下清除煤矸等物。

（3）木垛法。当冒落高度较大、原支架基本完整和冒落范围内顶板比较稳定，不再继续冒落矸石时，可采用木垛法。这时在原支架上方码放木料，直至接顶。码木垛时要注意顶要接实背好，防止掉矸，并抵住冒落区周边，以防止片帮掉矸。

（4）搭凉棚法。当冒顶高度不大，顶板岩石不再继续冒落、冒顶范围又不大时，可采用搭凉棚法。这时用 5～8 根长木料搭在冒落区两端完好的支架上，抢救人员在凉棚保护下进行清理煤矸、架棚等工作。架好棚子后，再在凉棚上用木料把顶板接实。

98. 掘进工作面有哪几种通风方式?

为了供给掘进工作面作业人员呼吸所必需的氧气，稀释并排除掘进工作面的瓦斯、煤尘和有害气体，提供适宜的温度、湿度和风速，创造安全良好的作业环境，必须对掘进工作面进行通风。

(1) 扩散通风。利用空气分子的自然扩散运动，对局部地点进行通风的方式，叫做扩散通风。掘进巷道时，不得采用扩散通风的方式。

(2) 矿井全风压通风。利用矿井主要通风机的风压，借助导风设施把主导风流的新鲜空气引入掘进工作面，这种通风方式叫全风压通风。

利用矿井全风压进行掘进巷道通风，具有通风连续可靠、安全性好、管理方便等优点，但必须有足够的总风压，通风距离受到限制。所以，仅适用于使用局部通风机不方便、通风距离又不长的巷道掘进中。

（3）局部通风机通风。采用局部通风机（俗称局扇）作动力，通过风筒导风的通风方法，叫局部通风机通风。

局部通风机通风具有稳定、安全、可靠等优点，适宜于各种巷道的掘进通风，是掘进工作面采用的最基本、最主要的通风方法。

《煤矿安全规程》规定，掘进巷道必须采用矿井全风压通风或局部通风机通风。并对通风方式进行了明确要求。

99. 掘进巷道采用矿井全风压通风主要有哪几种形式？

掘进巷道采用矿井全风压通风时，按其导风设施的不同，主要有风筒导风、平行巷道导风、钻孔导风、风障导风四种形式。

（1）风筒导风。将硬质风筒设置在进风巷道中，利用风筒把新鲜空气送到掘进工作面。在风筒入风口可挂一风帘，或砌筑风墙、风门，使新鲜空气和乏风分开流动。风筒安装、拆卸比较方便。适用于需风量不大的短距离掘进巷道，如图 4—1 所示。

（2）平行巷道导风。在掘进主巷的同时，距主巷 10～20 m 处平行地另掘一条副巷，主、副巷道之间隔一定距离开掘一条联络眼。利用矿井全风压使风流从一条巷道进入，从另一条巷道排出，以满足掘进巷道供风需要。在前方联络眼掘透后，后方联络眼立即密封。两条巷道的独头部分可采用风筒或风障通风。平行巷道导风方式主要适用于双巷掘进的条件，如图 4—2 所示。

（3）钻孔导风。在距离邻近水平的全风压中，利用钻孔将新

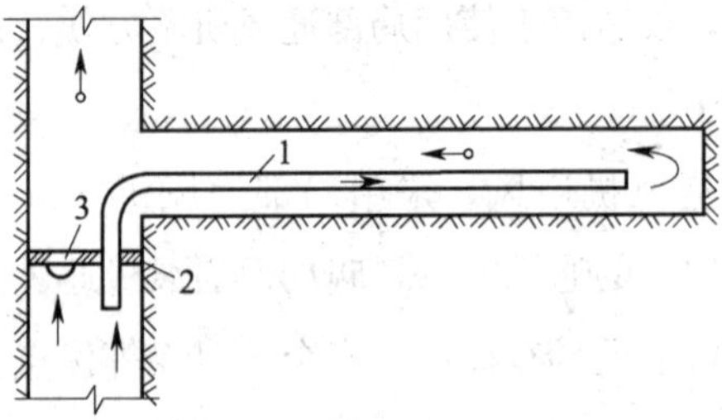

图 4—1　风筒导风

1—风筒　2—风墙　3—风门

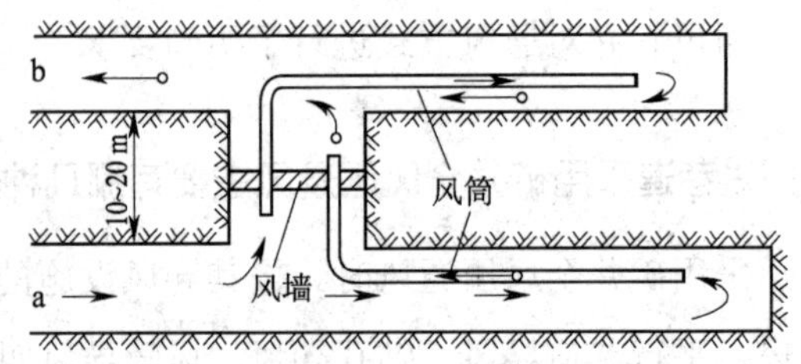

图 4—2　平行巷道通风

a—进风巷道　b—回风巷道

鲜空气导入的方式，叫做钻孔导风方式。

钻孔导风方式主要适用于掘进长巷反眼或上山，提前形成风流贯通。另外，在灾变事故发生后，采用钻孔导风方式可将新鲜空气导入被困矿工避灾地点，以解决氧气不足的问题。

(4) 风障导风。在巷道中安设纵向风障，将巷道分隔成进风和回风两部分。新鲜空气从巷道一侧进入到掘进工作面，乏风从巷道的另一侧排出，这种方式叫做风障导风方式。风障导风方式构筑和拆除风障的工程量大。它仅适用于地质构造不复杂、矿山压力不大、送风距离较短的条件，如图 4—3 所示。

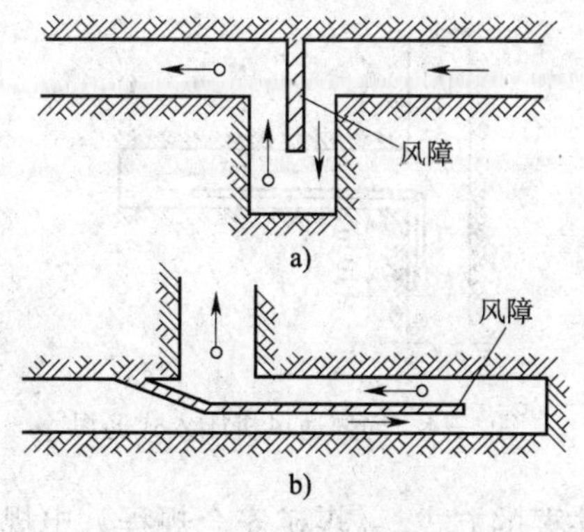

图 4—3　风障导风
a）横向风障　b）纵向风障

100. 掘进工作面局部通风机通风有哪几种形式？

按照掘进工作面局部通风机布置方式的不同，可以分为压入式通风、抽出式通风和混合式通风三种形式。

（1）局部通风机压入式通风。局部通风机压入式通风指的是，利用局部通风机和风筒将新鲜空气压入掘进工作面，而乏风经巷道排出，如图 4—4 所示。

1）局部通风机压入式通风的优缺点。压入式通风的优点是，风流从风筒末端射向工作面，风流有效射程较长，一般达 7～8 m。因此，容易排出工作面乏风和粉尘，通风效果好。同时，局部通风机安设在新鲜风流中，安全性能较好。缺点是掘进工作面排出的乏风和粉尘要经过有人作业的巷道，爆破时炮烟排出速度慢、时间长。

2）局部通风机压入式通风的适用条件。压入式通风是局部

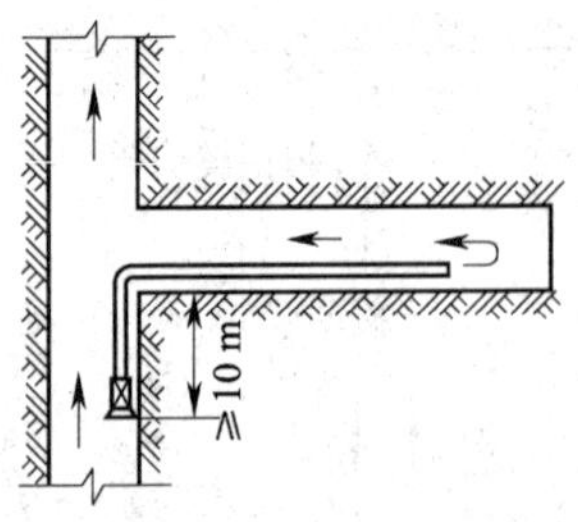

图 4—4　局部通风机压入式通风

通风机通风最主要的方式。《煤矿安全规程》中规定，煤巷、半煤岩巷和有瓦斯涌出的岩巷的掘进，应采用压入式通风方式。瓦斯喷出区域和煤（岩）与瓦斯（二氧化碳）突出煤层的掘进通风方式必须采用压入式。

（2）局部通风机抽出式通风。局部通风机抽出式通风指的是局部通风机经风筒抽出掘进工作面的乏风和粉尘，而新鲜空气由巷道进入工作面，如图 4—5 所示。

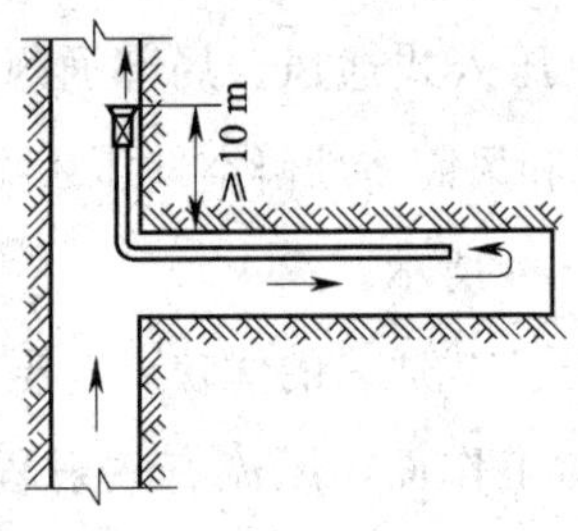

图 4—5　局部通风机抽出式通风

1）局通风机抽出式通风的优缺点。其优点是掘进工作面排出的乏风、粉尘和炮烟不需要经过有人作业的巷道，保障作业人员的身体健康和提高掘进效率。其缺点是风流由风筒末端吸入，通风效果较差；局部通风机安设在乏风中，乏风由局部通风机中流过，安全性能较差。同时，抽出式通风必须使用硬质风筒，或带刚性骨架的可伸缩风筒，成本高且适应性较差。

2）局通风机抽出式通风的限制使用条件：

①瓦斯涌出的掘进巷道中不得采局部通风机抽出式通风。因为在局部通风机抽出式通风方式中，掘进工作面的瓦斯要经过风筒流入局部通风机内部而排出，一旦抽出式局部通风机防爆性能降低，防止静电和防止摩擦火花的性能差，就可能引发瓦斯爆炸事故。特别是当抽出式局部通风机因故障突然停止运转时，会造成瓦斯积聚，而超过局部通风机吸入风流中的瓦斯浓度的规定。这样就无法进行停风后的排放瓦斯工作，恢复掘进工作面的通风也就无法进行。

②瓦斯喷出区域或煤（岩）与瓦斯（二氧化碳）突出煤层的掘进通风严禁采用抽出式。在瓦斯喷出区域或煤（岩）与瓦斯（二氧化碳）突出煤层的掘进工作面，因掘进巷道和工作面内有可能发生瓦斯喷出或突出，突然形成的高浓度、大量的瓦斯被吸入抽出式局部通风机内，会因为抽出式局部通风机的失爆，造成瓦斯爆炸。所以，《煤矿安全规程》中规定，瓦斯喷出区域和煤（岩）与瓦斯（二氧化碳）突出煤层的掘进通风方式必须采用压入式，严禁采用抽出式或混合式。

（3）局通风机混合式通风。局部通风机混合式通风指的是，抽出式和压入式两种通风方法同时使用的一种方式，新鲜空气由压入式局部通风机和风筒压入掘进工作面，而乏风和粉尘则由抽出式局部通风机和风筒排出。按局部通风机和风筒的安设位置，分为长压长抽、长压短抽和长抽短压三种形式。

混合式通风的优点是通风效果好，特别适用于大断面、长距离岩巷掘进工作面的供风；缺点是降低了压入式和抽出式两列风筒重叠段巷道内的风量，造成此处瓦斯积存的可能性较大。

101. 掘进巷道混合式通风有哪些一般要求？

掘进巷道混合式通风一般要求如下：

（1）岩巷、半煤岩巷或煤巷的掘进，采用混合式通风时，应有专门的通风设计和安全措施。

（2）掘进巷道混合式通风，必须采用局部通风机进行通风，严禁采用风障通风。

（3）有瓦斯喷出区域或有煤与瓦斯突出的煤层，掘进时不得采用混合式通风。

（4）主导局部通风机所在全风压通风巷道中的供风量必须大于局部通风机的吸入风量。压入式主导局部通风机必须安装在全风压系统中的进风侧，距掘进巷口不得小于 10 m；抽出式主导局部通风机必须安装在距掘进巷道口 10 m 以外的回风侧。

（5）混合式通风的掘进巷道中的供风量，应满足《煤矿安全规程》中关于工作面和掘进巷道中的瓦斯、二氧化碳、氢气和其他有害气体的浓度、风速和温度等有关规定。

（6）局部通风机应符合有关规定要求。湿式除尘通风机与水射流通风机可作抽出式局部通风机应用。

（7）压入式风筒应采用符合有关规定要求的煤矿用正压风筒；抽出式风筒应采用符合有关规定要求的矿用负压风筒；硬质

风筒必须是经国家指定质量检验单位检验合格的产品。

(8) 压入式风筒的出风口或抽出式风筒的吸风口，与掘进工作面的距离，应分别在风流的有效射程或有效吸程范围内，抽出式风筒的吸风口与掘进工作面的距离不得大于 5 m。

(9) 应选用低噪声的局部通风机和湿式除尘通风机，否则应安设消声器，使噪声不超过 85 dB (A) 级。

(10) 无论工作或交接班时，掘进工作面都不准停风。因检修或停电等原因停风时，必须撤出人员，切断掘进巷道中的一切电源。恢复通风前，必须检查瓦斯，当停风区中瓦斯浓度超过规定时，必须按瓦斯排放制度排放，主导局部通风机和巷道内局部通风机附近 10 m 以内风流中瓦斯浓度不超过 0.5%，方可人工启动。

(11) 短抽或短压风筒与主导风筒间的重叠段长度宜大于 10 m，小于 60 m。

(12) 风筒重叠段长度范围内的掘进巷道中的风速和瓦斯浓度，应满足《煤矿安全规程》的有关规定。

(13) 掘进巷道采用混合式通风时，局部通风设施的安装与使用、通风与瓦斯管理等方面，均应符合《煤矿安全规程》有关规定。

102. 掘进巷道混合式通风有哪几种布置方式?

掘进巷道采用混合式通风时，无瓦斯涌出的岩巷，可采用下述三种通风布置方式中的任何一种。煤巷、半煤岩巷和有瓦斯涌出的岩巷的混合式通风方式只允许采用“长压短抽”的方式。

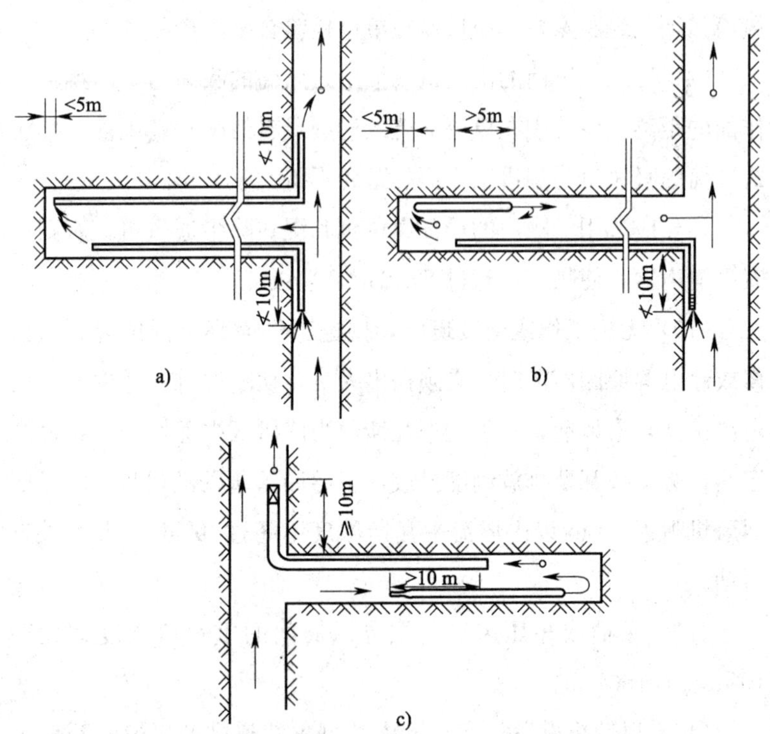

图 4—6　局部通风机混合式通风

a）长抽长压　b）长压短抽　c）长抽短压

（1）长抽长压方式。主导局部通风机和主导风筒作抽出式通风，位于掘进巷道中的局部通风机（或湿式除尘通风机或水射流通风机）和风筒作压入式通风的方式，抽出式通风和压入式通风风筒都长，如图 4—6a 所示。

（2）长压短抽方式。主导局部通风机及主导风筒作压入式通风，位于掘进巷道中的局部通风机（或湿式除尘通风机或水射流通风机）和风筒作抽出式通风的方式，如图 4—6b 所示。

(3) 长抽短压方式。主导局部通风机和主导风筒作抽出式通风，位于掘进巷道中的局部通风机和风筒作压入式通风的方式，如图 4—6c 所示。

103. 掘进工作面安装局部通风机应遵守哪些规定?

掘进工作面安装局部通风机应遵守下列规定：

(1) 压入式局部通风机和启动装置，必须安装在进风巷道中，距掘进巷道回风口不得小于 10 m。

(2) 全风压供给该处的风量必须大于局部通风机的吸入风量。

(3) 局部通风机离地高度大于 0.3 m。

(4) 局部通风机的设备要齐全，吸风口有风罩和整流器，高压部位有衬垫。

(5) 风筒出口风量保证工作面和回风流瓦斯浓度不超限，巷道中风流风速符合规定。

(6) 严禁使用 3 台以上（含 3 台）局部通风机同时向 1 个掘进工作面供风，不得使用 1 台局部通风机同时向 2 个作业的掘进工作面供风。

104. 掘进工作面备用局部通风机有什么规定?

《煤矿安全规程》规定，高瓦斯矿井、煤（岩）与瓦斯（二氧化碳）突出矿井、低瓦斯矿井中高瓦斯区的煤巷、半煤岩巷和有瓦斯涌出的岩巷掘进工作面必须配备安装备用局部通风机。为了确保掘进工作面备用局部通风机真正发挥作用，必须遵守以下三点规定：

（1）自动切换。备用局部通风机能够及时自动切换。当正常工作的局部通风机发生故障时，备用局部通风机能自动启动，保证掘进工作面及时正常通风。自动切换功能可以避免人的因素影响，及时性更有保障。

（2）不同电源。掘进工作面备用局部通风机电源必须取自同时带电的另一电源，即与正常工作的局部通风机供电来自两个不同的电源。这样，无论局部通风机本身出现故障还是供电线路发生问题，备用局部通风机均能起到“备用”的作用，从而提高对掘进工作面供风的可靠性。

（3）同等能力。为了保证对掘进工作面稳定、可靠、足量地供风，掘进工作面正常工作的局部通风机必须配备备用安装同等能力的备用局部通风机。如果备用局部通风机能力较低，将不能满足掘进工作面的用风需求；如果备用局部通风机能力较强，又会出现经济效益不佳的情况。

105. 掘进工作面局部通风机供电有什么规定？

（1）正常工作的局部通风机供电：

1）正常工作的局部通风机供电必须采用“三专”，即专用开关、专用电缆和专用变压器。

2）专用变压器最多可向 4 套不同掘进工作面的局部通风机供电。

（2）低瓦斯矿井局部通风机供电：

1）低瓦斯矿井掘进工作面和通风地点正常工作的局部通风

机可不配备安装备用局部通风机，但正常工作的局部通风机必须采用“三专”供电。

2）正常工作的局部通风机配备安装一台同等能力的备用局部通风机，并能自动切换。

3）正常工作的局部通风机和备用局部通风机的电源必须取自同时带电的不同母线段的相互独立的电源。

（3）局部通风机风电闭锁。《煤矿安全规程》对局部通风机风电闭锁进行了以下规定：

1）使用局部通风机供风的地点必须实行风电闭锁，保证当正常工作的局部通风机停止运转或停风后能切断停风区内全部非本质安全型电气设备的电源。

2）正常工作的局部通风机故障，切换到备用局部通风机工作时，该局部通风机通风范围内应停止工作，排除故障；待故障被排除，恢复到正常工作的局部通风后方可恢复工作。

3）使用2台局部通风机同时供风的，2台局部通风机都必须同时实现风电闭锁。

4）每10天至少进行一次甲烷风电闭锁实验，每天应进行一次正常工作的局部通风机与备用局部通风机自动切换实验，实验期间不得影响局部通风，实验记录要存档备查。

106. 掘进工作面停风有什么规定?

（1）使用局部通风机通风的掘进工作面不得停风。煤矿井下巷道掘进时产生的瓦斯涌出量，一方面来自掘进工作面迎头新揭露的煤层，另一方面来自掘进巷道周围煤体，所以，必须使用局部通风机通风，排除和冲淡掘进工作面瓦斯，防止瓦斯爆炸，不得停风。

（2）使用局部通风机通风的掘进工作面停风后，必须停电撤人。局部通风机停风的原因很多，包括停止向局部通风机供电、检修局部通风机、局部通风机发生故障、未开启局部通风机和局部通风机风筒未安装或脱节。不管什么原因停风时，风电闭锁装置必须立即切断局部通风机供风巷道内全部非本质安全型电气设备的电源。同时，必须将人员全部撤至全风压进风流处。

（3）使用局部通风机通风的掘进工作面停风后，要揭示警标、检查瓦斯。掘进工作面停风后，要在巷道外口设置栅栏，揭示警标，严禁人员进入，并向矿调度室报告。并且每班在栅栏处至少检查一次瓦斯浓度，如发现瓦斯浓度超过 3%且不能立即排放的，必须在 24 h 内封闭完毕。

（4）掘进工作面停风后，恢复作业前必须恢复通风。恢复通风前，必须由专职瓦斯检查员检查瓦斯，只有在局部通风机及其开关附近 10 m 以内风流中的瓦斯浓度都不超过 0.5%时，方可由指定人员开启局部通风机。

（5）掘进工作面恢复通风后，恢复作业前安全供电。恢复通风后，必须由采掘电钳工对掘进巷道中的电气设备进行检查，确认电气设备处于防爆和完好状态时，方可由人工恢复局部通风机供风的掘进巷道中的一切电气设备的电源。

（6）掘进工作面恢复作业。

107. 掘进工作面设置甲烷传感器有哪些规定要求？

根据《煤矿安全规程》“甲烷传感器和其他传感器的设置”

规定要求，掘进工作面以下地点应设置矿井安全监控系统传感器：

（1）串联通风掘进工作面的被串掘进工作面局部通风机前应设置甲烷传感器。其报警浓度 $T\geqslant0.5\%$，断电浓度 $T\geqslant0.5\%$，复电浓度 $T<0.5\%$，断电范围为被串掘进巷道内全部非本质安全型电气设备；断电浓度 $T\geqslant1.5\%$时，断电范围为包括局部通风机在内的被串掘进巷道内全部非本质安全型电气设备。

（2）煤巷、半煤岩巷和有瓦斯涌出的掘进工作面回风流中应设置甲烷传感器。其报警浓度 $T\geqslant1.0\%$，断电浓度 $T\geqslant1.0\%$，复电浓度 $T<1.0\%$，断电范围为掘进巷道内全部非本质安全型电气设备。

（3）煤巷、半煤岩巷和有瓦斯涌出的掘进工作面应设置甲烷传感器。其报警浓度 $T\geqslant1.0\%$，断电浓度 $T\geqslant1.5\%$，复电浓度 $T<1.0\%$，断电范围为掘进巷道内全部非本质安全型电气设备。

（4）高瓦斯、煤与瓦斯突出矿井的掘进巷道中部应设置甲烷传感器。其报警浓度 $T\geqslant1.0\%$，断电浓度 $T\geqslant1.0\%$，复电浓度 $T<1.0\%$，断电范围为掘进巷道中的全部非本质安全型电气设备。

（5）高瓦斯矿井双巷掘进工作面混合回风流处应设置甲烷传感器。其报警浓度 $T\geqslant1.5\%$，断电浓度 $T\geqslant1.5\%$，复电浓度 $T<1.0\%$，断电范围为包括局部通风机在内的双巷掘进巷道中的全部非本质安全型电气设备。

108. 安装矿井安全监控系统位置应如何确定?

矿井安全监控系统安装位置确定如下：

（1）瓦斯传感器应按要求垂直悬挂在巷道棚梁下 300 mm 处（以气室为准），距巷道侧壁小于 200 mm。该巷道顶板要坚固、无淋水。在有风筒的巷道中，严禁悬挂在风通透和风筒漏风处。

（2）监测装置的井下主机或分站的安设地点要从多方面考虑来选择。要安设在供电方便，与声光箱、传感器之间的距离不能超过仪器规定的数值。更主要的是与被控断电开关的距离不宜太远，因为距离远、线路长，线路电阻大，电压降也大，保证不了被控线圈的供电值。如断电继电器使用常闭触点作断电控制时，可能导致被控断电开关的线圈不能吸合，影响用电设备的正常运行；如断电继电器使用常开触点，可能导致瓦斯超限时被控开关脱扣线圈电压达不到规定值，不吸合，断电失灵。所以，主机的安设地点必须选择在具备上述条件的入风巷道或机电设备硐室内，安设位置要选择在支护良好、无淋水、周围无杂物、便于调试维护、不影响通车及行人，不被碰撞的地方，可吊挂在巷道支护设备上或安放在高度 300 mm 以上的专用台架上。如遇特殊情况，必须安设在回风巷道中时，当风流中的瓦斯浓度达到规定断电值时，必须自动切断本机电源。为了检修和更换仪器的方便，在仪器附近要设置专用的电源开关。

（3）声光报警箱应设置在经常有人工作、便于观察的地方，并要求悬挂在支护良好、无淋水、距棚梁 300～400 mm 处。

（4）监测装置应使用专用不延燃电缆。电缆上每隔 100 mm 处作一黄色标志，标志长度为 100 mm。电缆的敷设、连接方式，必须符合《煤矿安全规程》的有关规定。并注意监测电缆应与动力电缆分挂在巷道两侧，如必须挂在同一侧时应敷设在动力电缆上方，且与高压电缆间保持 100 mm；与低压电缆间保持 50 mm 以上的距离。电缆不得悬挂在水管、风管、瓦斯管、消火管及风管上，如果必须与管路、风筒同一侧悬挂时，要敷设在管子或风筒上方 300 mm 处。

（5）为保证进风巷甲烷传感器能正确反映所监测区域的瓦斯含量，进风巷甲烷传感器应设置在瓦斯等有害气体与新鲜风流混合均匀且风流稳定的位置。

（6）风速传感器应设置在巷道前后 10 m 内无分支风流、无拐弯、无障碍、断面无变化、能准确计算测风断面的地点。

（7）一氧化碳传感器除用于环境监测外（报警浓度为 0.002 4%），还用于自然发火预测。一氧化碳传感器应布置在巷道的上方，并应不影响行人和行车，安装维护方便。一氧化碳传感器应设在风流稳定处。一氧化碳传感器应垂直悬挂，距顶板（顶梁）不得大于 300 mm、距巷壁不得小于 200 mm。一氧化碳传感器用于自然发火预测时，应以每天一氧化碳平均浓度的增量变化为依据。

（8）自然发火矿井应设置温度传感器。温度传感器除用于环境监测外（报警温度为 30℃），还用于自然发火预测。温度传感器应布置在巷道上方，并应不影响行人和行车，安装维护方便，距顶板（顶梁）不得大于 300 mm，距巷道侧壁不得小于 200 mm。温度传感器应设置在风流稳定的位置。温度传感器用于自然发火预测时，应以每天平均温度的增量变化为依据。

109. 井巷揭穿突出煤层有哪些安全防护措施？

井巷揭穿突出煤层破坏了煤体原始应力的平衡状态，极容易使煤体中的潜能得到高速释放，具有很大的危险性。据资料统计，我国千吨以上的特大型突出事故有90%发生在井巷揭穿突出煤层过程中，同时强度也大，井巷揭穿突出煤层发生突出的强度为煤巷发生突出的强度的7～14倍，有的甚至高达40倍。

“四位一体”综合防突措施指的是，突出危险性预测、防治突出措施、防治突出措施的效果检验和安全防护措施。由于煤与瓦斯突出的原因至今仍未清楚掌握，防止突出措施也很难彻底有效预防突出的发生。所以，必须具有一整套完善的安全防护措施，一旦发生突出后，能够保证现场作业人员的生命安全。

◎真实案例

2010年8月2日，河南某煤矿发生一起重大煤与瓦斯突出事故，死亡16人。该矿设计生产能力30万吨/年，属煤与瓦斯突出矿井。初步分析，该矿未认真执行防突规定，“四位一体”综合防突措施不到位，措施效果检验时未对区域抽放后吨煤瓦斯含量、煤层瓦斯压力进行测定，在11091下副巷掘进工作面支护作业过程中发生了煤与瓦斯突出事故；掘进工作面现场作业人员没有佩戴自救器和使用压风自救系统进行自救。

井巷揭穿突出煤层主要有以下五种安全防护措施：

（1）远距离爆破。在井巷揭穿突出煤层和在突出煤层中采用爆破作业时，必须采用远距离爆破。

1）石门揭穿突出煤层远距离爆破时，必须制定专项安全技术措施，包括爆破地点、避灾路线及停电、撤人和警戒范围等。

2）在尚未构成全风压通风的矿井，石门揭穿突出煤层远距离爆破时，井下全部人员必须撤至地面，井下必须全部断电，立井口附近地面 20 m 范围内或斜井口前方 50 m、两侧 20 m 范围内严禁火源。

3）远距离爆破的操纵地点应设在进风侧反向风门之外的全风压通风的新鲜风流中或避难硐室内，煤巷掘进工作面爆破地点距工作面的距离根据现场实际情况而定，但不得小于 300 m。采煤工作面爆破地点距工作面的距离根据现场实际情况而定，但不得小于 100 m。

4）远距离爆破时，回风系统的采掘工作面以及有人作业的地点，都必须停电撤人。

5）爆破 30 min 后，方可进入工作面检查，具体时间根据现场实际情况而定。

6）禁止采取震动爆破。震动爆破的实质是一种诱导突出的措施，在以往作为一种安全防护措施加以采用。经实践经验证明，在井巷揭穿突出煤层和在突出煤层中进行采掘作业过程时，采取震动爆破，往往由于炸药的巨大能量改变工作面附近的煤岩体中应力的状态而引起煤与瓦斯突出，甚至造成人员伤亡，这些教训是沉重的。所以，《煤矿安全规程》在修改时删去了这一条措施。

但是，由于薄煤层一般瓦斯含量较小，即使发生突出强度也不大。所以《煤矿安全规程》规定，在厚度小于 0.3 m 的突出煤层可采用震动爆破揭穿。震动爆破必须有独立的回风系统；其进风侧应设置两道坚固的反向风门；回风系统严禁人员通行或作业；如果震动爆破未能一次揭穿煤层，在掘进剩余部分时，仍必须采取预防突出措施。

（2）避难硐室：

1）避难硐室应在采掘工作面附近和爆破的地点，避难硐室的数量及其与采掘工作面的距离，应根据具体条件确定。

2）避难硐室应设向外开启的隔离门，室内净高不得低于2 m，长度和宽度应根据同时避难的最多人数确定，但至少能满足15人避难，且每人占用面积不得小于0.5 m^2。避难硐室内支护必须保护良好，并设有与矿（井）调度室直通的电话。

3）避难硐室内应放置足量的饮用水、安设供给空气的设施，每人供风量不得小于0.3 m^3/min。如果用压缩空气供风时，应有减压装置和带有阀门控制的呼吸嘴。

4）避难所内应根据避难最多人数配备足够数量的隔离式自救器。

（3）反向风门。在石门揭穿突出煤层和煤巷掘进工作面进风侧，必须设置至少2道牢固可靠的反向风门。

1）2道反向风门之间的距离不得小于4 m。

2）反向风门距工作面回风巷不得小于10 m，与工作面的最近距离一般不得小于70 m，如小于70 m应设置至少3道反向风门。

3）反向风门墙垛掏槽深度岩巷不得小于0.2 m，煤巷不得小于0.5 m。

4）通过反向风门墙垛的风筒、水沟和刮板输送机等，必须设有逆向隔断装置。

5）人员进入工作面时必须把反向风门打开、顶牢。工作面爆破和无人时，反向风门必须关闭。

（4）设置挡栏。石门揭开煤层时，为了降低突出强度，减小突出对矿井安全生产的危害，应采用设置挡栏的措施。挡柱距工作面距离应根据预计的突出强度在设计中确定。

（5）压风自救系统

1）压风自救系统安设在井下采掘工作面巷道的压缩空气管道上。

2）压风自救系统应设置在距采掘工作面 25～40 m 的巷道内、爆破地点、撤离人员与警戒人员所在位置以及回风巷有人作业处。在长距离的掘进巷道中，应每隔 50 m 设置一组压风自救系统。

每组压风自救系统一般可供 5～8 个人使用，压缩空气供给量平均每人不得少于 0.1 m^3/min。

110. 掘进工作面有哪些综合防尘措施?

煤矿井下生产各个环节都能产生悬浮煤尘，但是，最主要的产尘地点还是采掘工作面，特别是机械化作业的采掘工作面。据有关统计资料分析，采掘工作面产尘量约占全矿井产尘量的80%～90%，减少采掘过程中煤尘的产生量是防止煤尘爆炸的重要措施。

掘进工作面综合防尘措施主要有以下内容：

（1）湿式打眼。湿式打眼指的是，在采掘工作面打眼时，将具有一定压力的水通过钻具送入正在钻进的钻孔孔底，湿润并冲洗钻孔中的煤（岩）粉，使煤（岩）粉在钻孔中变成浆液流出，从而大大减少打眼作业时的产尘量。

目前，我国煤矿岩巷掘井普遍推广使用了湿式打眼，降尘效果十分显著，有资料表明，湿式打眼比干式打眼降低94%～98%的产尘量，很多采煤工作面也在积极推广湿式打眼。

（2）喷雾洒水。喷雾洒水防尘措施指的是，一定压力作用下的水，通过微孔喷出后与空气或压风混合，形成雾状水粒。水粒在空气中与浮尘相碰撞，矿尘被湿润，增加了矿尘本身的质量，从而提高矿尘的沉降速度，减少矿尘在空气中的飘浮时间，使空气中浮尘量减小。

喷雾分为单水作用喷雾和风水联动喷雾两种。单水作用喷雾是指水在自身压力作用下喷出微孔形成水雾；而风水联动喷雾是指喷雾以气压作为主要动力，将低于风压的水吹散成水雾。

在掘进机割煤时，转载机、破碎机工作时、爆破时、装煤（矸）时都必须进行喷雾洒水防尘。

（3）通风除尘。通风除尘措施指的是，通过合理通风来稀释和排除作业场所空气中矿尘的一种方法。

1）选择合理的风量。在掘进工作面风速不变的条件下，风量的变化实际上就是巷道断面或掘进工作面空间的变化，如果风量增大，若产尘量不变，则空间内矿尘浓度就降低；相反，空间变小，则矿尘浓度就提高。因此，在合理控制风速的前提下，保证足够的巷道断面，减小漏风，确保工作面风量足够，可有效降低巷道矿尘浓度。

2）选择合理的风速。井下巷道中的风速过大或过小，都不利于排除矿尘。《煤矿安全规程》中规定，掘进中的岩巷风速应控制在0.15～4.0 m/s；而掘进中的煤巷和半煤岩巷中的风速应控制在 0.25～4.0 m/s。据有关资料，最优排尘风速一般在干燥巷道为 1.2～2 m/s，在潮湿巷道和采煤工作面采取防尘措施后为 2.0～2.5 m/s。

（4）净化风流。净化风流除尘措施指的是，使井巷中的含尘空气通过一定的设备或设施，将矿尘捕获而使井巷风流矿尘浓度降低的方法。目前通常使用的是在巷道中或局部通风机设置净化水幕和安装除尘风机。净化水幕应以整个巷道断面布满水雾为原则，并尽可能布置在离产尘点较近地点，以扩大风流净化范围。风筒中设置水幕时，应使水雾喷射方向与内筒中风流方向相反，以提高除尘效果。

掘进工作面在距离工作面 50 m 内应设置一道自动控制风流的净化水幕。

（5）水封爆破。水封爆破防尘措施指的是，使用盛满水的专用塑料袋代替或部分代替用黏土做成的炮泥，即水炮泥封堵外爆破眼口，爆破时水炮泥中的水分被雾化，可供尘粒湿润、团结而减少煤尘产生量。

爆破使用水炮泥封堵炮眼，不仅可以取得与黏土炮泥同样的作用，还能降低爆炸产物的温度和浓度，有效地预防瓦斯和煤尘爆炸。使用水炮泥除尘效果十分明显，除尘率一般为 63%～80%。

（6）清除积尘。清除积尘指的是及时、定期清除巷道顶、底板和两帮上、支架上和设备、物料表面的积尘。

在一般情况下，空气中的粉尘含量是达不到最低爆炸浓度的，但一旦当积尘扬起来，就会增加空气中的浮尘浓度，达到最低爆炸浓度后，遇到高温火源就会爆炸。例如，井下发生冲击地压、爆破的震动波和瓦斯爆炸的冲击波，甚至人的行动都会把沉积煤尘扬起来，给煤尘爆炸提供了尘源，引爆瓦斯煤尘连续爆炸。所以，积尘是煤尘爆炸的重大隐患。由于积尘的危害性同样很大，必须采取积极措施进行清除。

111. 清除巷道积尘有哪些方法?

通常采用以下几种方法对煤矿井下巷道积尘进行清除：

（1）冲洗巷道。用水冲洗沉积在巷道四周和支架上的煤尘，冲洗时由顶部到底部，把前、后、两侧的煤尘全部冲洗干净，煤水顺巷道水沟流出，遗留煤尘及时运出。冲洗时要注意不要将水射入电气设备及其开关内。在一般情况下，巷道煤尘的冲洗周期必须符合以下要求：

1）在距离尘源 30 m 范围内，煤尘沉积大的地点，应每班或每日冲洗 1 次。

2）距离尘源较远或煤尘沉积强度较小的巷道，可几天或 1 天冲洗 1 次。

3）运输大巷可半月或一个月冲洗 1 次。

4）掘进工作面 20 m 范围内的巷道，每班至少冲洗 1 次；20 m 以外的巷道每旬至少应冲洗 1 次，并清除堆积浮煤。

5）必须及时清除巷道中的浮煤，清扫或冲洗沉积煤尘。

6）每年应至少进行 1 次对主要进风大巷刷浆。

（2）清扫巷道。清扫巷道时要用水浸湿扫帚，使用湿扫帚清扫时可以避免煤尘飞扬、蔓延，保证作业人员身体健康和减少浮尘浓度，清扫出来的煤尘要及时运出。

（3）刷白巷道。利用石灰水刷浆或者水泥石灰水对巷道四周进行喷洒、刷白，把巷道四周积尘固结起来，使其不能飞扬参与爆炸，同时刷白的巷道容易发现积尘的情况，以便及时采取措施进行清除。

112. 掘进巷道有哪些隔爆、阻爆装置?

由于煤矿井下瓦斯爆炸具有突发性、瞬时性，使得在爆炸发生时难以进行救治；同时，瓦斯爆炸还具有连续性、灾难性，使得在爆炸发生时危害极大。因此，防止灾害扩大的措施应该集中在灾害发生前的预防设施和灾害发生时的快速反应。《煤矿安全规程》规定，高瓦斯矿井煤巷掘进工作面应安设隔（抑）爆设施。

当瓦斯爆炸发生后，依靠预先设置的隔爆装置可以阻止爆炸的传播，或减弱爆炸的强度、减小爆炸的燃烧温度，以破坏其传播的条件，尽可能地限制火焰的传播范围。

（1）撒布岩粉。岩粉是不燃性细散粉尘，定期将岩粉撒布在积存煤尘的工作面和巷道中，可以阻碍煤尘爆炸的发生和瓦斯、煤尘爆炸的传播。撒布的岩粉要求与煤尘混合，长度不少于300 m，使不燃物含量大于80%。

（2）岩粉棚。岩粉棚是安装在巷道靠近顶板处的若干组台板，每块台板上存放大量岩粉。发生爆炸时，冲击波将台板摧垮使岩粉弥漫于巷道中，吸收爆炸火焰的热量及惰化空气，阻碍爆炸的传播。

（3）水棚。在巷道中架设水棚的作用与岩粉棚的作用相同，只是用水槽或水袋代替岩粉板棚。总水量按巷道断面计算，要求主要隔爆棚不低于 400 L/m^2，辅助隔爆棚不低于 200 L/m^2；主要隔爆棚水棚棚区长度不小于 30 m，辅助隔爆棚水棚棚区长度不小于 20 m。

由于岩粉的缺点是易受潮结块，需要经常更换，成本较高，国内、外目前都广泛使用水代替岩粉隔爆。水的比热容比岩粉高 5 倍，汽化时吸热并能降低氧气的浓度，在爆炸的作用下比岩粉飞散快，隔爆效果较好。

（4）自动式防爆棚。使用压力或温度传感器，在爆炸发生时探测爆炸波的传播，及时将预先放置的水、岩粉、氮气、二氧化碳、磷酸钙等喷洒到巷道中，从而达到自动、准确、可靠地扑灭爆炸火焰，防止爆炸蔓延的目的。常用的有自动水幕等。

113. 掘进巷道贯通时调整通风系统有哪些规定？

掘进巷道贯通是一项技术性很强的生产管理工作，存在的安全隐患较多，容易造成冒顶、透水、熏人和瓦斯爆炸事故。我国煤矿由于巷道贯通时没有及时调整通风系统，多次引起瓦斯爆炸事故。为了加强巷道贯通通风安全管理，《煤矿安全规程》第一百零八条明确规定了掘进巷道贯通时，要提前做好通风系统调整和瓦斯检查工作，防止瓦斯事故的发生。

（1）当综合机械化掘进巷道在距离贯通地点 50 m 前，其他巷道在距离贯通地点 20 m 前，必须停止一个工作面作业，由一个工作面掘进贯通，并做好调整通风系统的准备工作。

（2）巷道贯通前，应做好正常的通风工作，保证两端的巷道内不积存瓦斯。

（3）巷道贯通前，要绘制贯通巷道两端附近的通风系统图，图上标明风流方向、风量和瓦斯涌出量，并预计贯通后的风流方向、风量和瓦斯变化情况，制定贯通时调整风流设施的布置和要求，并做好调整风流设施和材料准备工作。

（4）贯通时，必须有专人在现场统一指挥。停止作业的工作面必须保持正常通风，设置栅栏及警标，并经常检查风筒是否脱节等完好状况、局部通风机运转情况以及工作面和回风流中的瓦斯浓度，当瓦斯浓度超限时，必须立即进行处理。

（5）掘进工作面每次装药爆破前，掘进工作面班组长必须和瓦斯检查员共同到对方工作面检查工作面及回风流中瓦斯浓度。瓦斯浓度超限时，先停止掘进工作面工作，然后处理瓦斯。只有在两个工作面及其回风道中瓦斯浓度都在1%以下时，掘进工作面方可装药爆破。每次爆破前，在两个工作面都必须设置栅栏和专人警戒。爆破工作应坚持“一炮三检”制度，每次装药前、爆破前、爆破后，必须检查通风、瓦斯、煤尘等情况，有安全隐患必须立即进行处理。

（6）贯通后，必须停止采区内的一切工作，通风部门组织人员进行风流调整，实行全风压通风，防止瓦斯积聚，当通风系统风流稳定并且风速和瓦斯浓度符合有关规定后，方可恢复工作。

（7）间距小于20 m的平行巷道的联络巷贯通，也必须遵守以上各项规定。

◎**真实案例**

1992年春节后，山西省大同市某煤矿在掘进4101和4501巷道时，偏离原定方位而穿越主副井下方，威胁主副井安全。为此矿方决定废弃4101和4501巷道，转向4103和4503巷道掘进。为解决两个包工队共用101运输大巷的矛盾，在4101巷口开掘一斜巷与4103巷贯通，斜巷于4月20日开掘，4月23日4点与4501巷贯通。斜巷贯通后，决定对4101和4501盲巷进行密闭。4101和4501巷贯通后，造成风流短路，形成盲巷，瓦斯积聚达到爆炸浓度。在4101巷长达27 h无风的情况下，虽然挂设了禁止入内的警示牌，但没有按照《作业规程》要求及时进行密闭或采取防止人员进入的得力措施，1992年4月24日7点5分一名工人擅自闯入，违章拨弄矿灯，产生火花引起瓦斯爆炸，造成死亡40人、重伤3人、轻伤20人的特大事故。

114. 工作面如何选用煤矿许用炸药?

不同工作面应使用不同安全等级的煤矿许用炸药。《煤矿安全规程》规定以下：

（1）低瓦斯矿井的岩石掘进工作面必须使用安全等级不低于一级的煤矿许用炸药。

（2）低瓦斯矿井的煤层采掘工作面、半煤岩掘进工作面必须使用安全等级不低于二级的煤矿许用炸药。

（3）高瓦斯矿井、低瓦斯矿井的高瓦斯区域，必须使用安全等级不低于三级的煤矿许用炸药。有煤与瓦斯突出危险的工作面，必须使用安全等级不低于三级的煤矿许用含水炸药。

115. 选用炸药应注意哪些事项?

选用炸药应注意以下事项：

(1) 煤矿铵梯炸药必须严格按照矿井瓦斯的安全等级选用，不得将用于低瓦斯矿井的炸药用于高瓦斯矿井。

(2) 含水超过0.5%的煤矿铵梯炸药不得使用。

(3) 有水和潮湿的工作面，必须选择抗水型炸药。

(4) 煤矿水胶炸药的安全性高于铵梯炸药，但在使用、保管上应和铵梯炸药同样对待，严格按瓦斯安全等级选用。

(5) 要注意炸药外形的检查，如发现药卷出水，要尽快使用；如出水严重，要经过性能检验，再确定是否继续使用。

(6) 炸药外皮破损，出现漏药、破乳，此情况使炸药难以发生爆炸，即使发生爆炸，也容易造成爆燃或残爆，使爆破故障增多，同时也达不到爆破工作的要求。

(7) 水胶炸药的爆炸性能随温度降低而降低，0℃以下有可能出现残爆或拒爆。因此，水胶炸药药温不宜过低。

(8) 严禁使用黑火药和冻结或半冻结的硝化甘油类炸药。

(9) 在同一个工作面不得使用两种不同品种类的炸药。

116. 使用电雷管有哪些规定要求?

使用电雷管有如下规定要求：

(1) 井下爆破作业必须使用煤矿许用电雷管。

(2) 在掘进工作面必须使用煤矿许用瞬发电雷管或毫秒延期电雷管。

(3) 使用煤矿许用毫秒延期电雷管，最后一段延期时间不得超过 130 ms。

(4) 不同厂家生产的或不同品种的电雷管，不得掺混使用，以免造成部分雷管拒爆。

(5) 不得使用脚线裸露、桥丝接触不良、外壳有裂隙的电雷管，避免发生丢炮现象。

(6) 不得使用进水的电雷管，因为电雷管进水后易发生拒爆。

117. 掘进工作面炮眼应符合哪些要求?

掘进工作面合理布置炮眼，正确确定炮眼的数目、深度、角度、位置、眼距及其装药量等参数，是取得良好爆破效果的基础前提。合理布置炮眼应符合以下要求：

(1) 爆破后所形成的巷道断面符合设计要求，保证不欠挖、不超挖，并且保证巷道的方向和坡度符合设计规定。

(2) 爆破出来的煤（岩）块度适宜，堆积状况便于装载和运输。

(3) 爆破时对巷道围岩震动小，不崩倒支架，有利于巷道维护。

(4) 爆破每立方米煤（岩）的炸药和电雷管消耗量低，钻眼工作量小。

(5) 炮眼利用率高。

(6) 便于采用先进技术和机械装备，能改善工人劳动条件。

118. 掘进工作面炮眼分哪三类?

根据掘进工作面炮眼所起的主要作用和所处的位置不同，可将掘进工作面炮眼分为掏槽眼、辅助眼和周边眼三类，如图4—7所示。

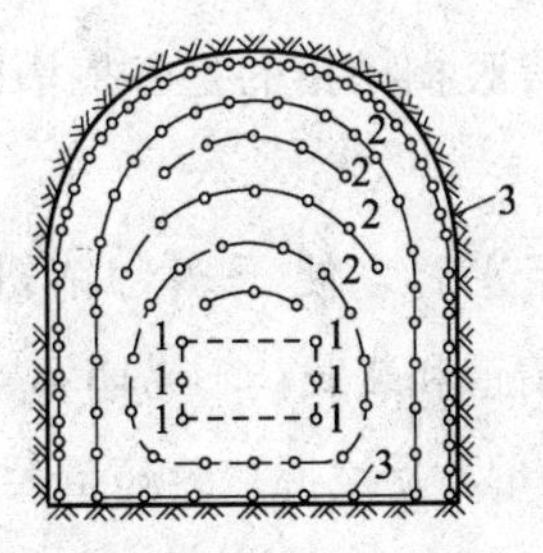

图4—7　掘进工作面炮眼布置图

1—掏槽眼　2—辅助眼　3—周边眼

(1) 掏槽眼。掏槽眼在破煤（岩）爆破中所起的主要作用是形成新的、更多的自由面，为之后爆破的其他炮眼提高爆破效果创造有利条件。因此，它对掘进工作面工常进尺起着决定性作用。

由于掏槽眼受到周围煤（岩）体的挤压作用，一般炮眼利用率为80%左右，故掏槽眼深度要比其他炮眼深度加深200～300 mm。常用的掏槽眼按其与工作面夹角不同分为以下三种形式：

1）斜眼掏槽。斜眼掏槽指的是各掏槽眼与巷道中线和工作面、水平方向成一定角度的形式。

优点：掏槽体积大，形成有效的自由面；炮眼位置容易掌握；爆破效果能够保证。

缺点：如果角度和装药量掌握不好，会崩坏支架和机械设备；抛散煤（岩）距离远，不利于清道和装载。

斜眼掏槽主要应用在断面大于 4 m²、循环进尺小于 2 m 的爆破中。

2）直眼掏槽。直眼掏槽指的是各掏槽眼与工作面垂直的形式。

优点：炮眼互相平行，便于多台钻机平行作业；抛散煤（岩）距离近，利于清道和装载；不易崩坏支架和机械设备。

缺点：眼距、质量不易掌握；装药量大；掏槽效果较差。

直眼掏槽主要应用在断面较小、中硬岩层的爆破中。

3）混合掏槽。混合掏槽指的是在断面较大、岩石坚硬的巷道中，为了弥补直眼掏槽的不足，采用直眼与斜眼混合掏槽的形式

斜眼作垂直楔状布置在直眼外侧，斜眼与工作面的夹角为 75°～85°，眼底与直眼相距为 0.2 m，斜眼装药为眼深的 40％～50％，直眼装药为眼深的 70％。

（2）辅助眼。辅助眼又叫崩落眼，它布置在掏槽眼和周边眼之间。

辅助眼的作用是大量破碎崩落煤（岩），形成一定空间，并为周边眼的爆破创造新的自由面，提高周边眼爆破效果。辅助眼垂直工作面均匀布置；眼距一般为 500～600 mm。

（3）周边眼。周边眼包括顶眼、帮眼和底眼。它对控制巷道成形非常重要。

按照光面爆破的要求，炮眼外口应布置在巷道设计轮廓线上。但为了便于钻眼，炮眼稍向巷道设计轮廓线以外偏斜一定角度，眼底落在轮廓线以外距离不超过 100～150 mm。底眼外口应布置在巷道设计底板水平以上 150 mm 左右；炮眼稍向下倾斜，以眼底落在底板水平以下 150～200 mm 左右为准。

119. 掘进工作面全断面一次起爆有什么好处?

掘进工作面全断面一次起爆指的是，在整个巷道断面上，一个循环的炮眼全部装药、一次起爆。掘进工作面全断面一次起爆的好处是：

（1）在有瓦斯、煤尘爆炸危险的掘进工作面，可以避免因分次爆破而引起瓦斯、煤尘爆炸的危险。

（2）可以避免分次爆破时使相邻炮眼的炸药被挤压、电雷管的脚线和桥丝被崩断或震断，电雷管和炸药被带出，从而造成拒爆和残爆现象，提高爆破效率。

（3）可以减少连线和爆破次数，减轻爆破工的劳动强度，加快掘进工作面的推进速度。

（4）缩短爆破作业时间和炮烟排除时间，爆破工和现场作业人员可以避免较大量地吸入炮烟，有利于工人的身体健康和安全生产。

（5）可以避免底眼连线和查找的困难和危险。

120. 哪些情况下严禁装药、爆破?

由于爆破在生产中的重要性和在安全上的危险性，《煤矿安全规程》对装药、爆破允许条件进行了严格的规定。装药前和爆破前有下列情况之一的，采掘工作面严禁装药、爆破：

（1）爆破前，爆破地点附近 20 m 风流中瓦斯浓度达到 1.0%时。

（2）采掘工作面的空顶距不符合《作业规程》的规定，或有支架损坏，或者留有伞檐时。

（3）爆破地点 20 m 以内，有矿车、未清除的煤矸或其他物体堵塞巷道断面 1/3 以上时。

（4）工具未收拾好，机器、设备和电缆等未加以可靠的保护或移出工作面时。

（5）在有煤尘爆炸危险性的煤层中，采掘工作面爆破前，爆破地点附近 20 m 的巷道内未洒水降尘时。

（6）爆破前，靠近掘进工作面 10 m 长度内的支架未加固时；掘进工作面到永久支护之间，未使用临时支架或前探支架，造成空顶作业。

（7）发现装药炮眼有异状（出水、药卷被推出）、温度骤高骤低、有显著瓦斯涌出、煤岩松散、透老空等情况时。

（8）无封泥、封泥不足或不实时。

（9）爆破母线的长度、质量和敷设质量不符合规定时。

（10）局部通风机未运转或工作面风量不足时。

（11）工作面人员未撤离到警戒线外，以及各通路警戒岗哨未设置好，或人数未点清时。

◎真实案例

2005 年 7 月 2 日 14 点 20 分，山西省忻州市某煤矿接替井发生特别重大瓦斯煤尘爆炸事故，造成 36 人死亡、11 人受伤，直接经济损失 1 185.2 万元。

事故的直接原因是：矿井总风量严重不足，下山采区 511 掘进工作面局部通风机安装位置违反《煤矿安全规程》规定，致使该工作面形成循环风，造成瓦斯局部积聚并达到爆炸浓度；未使用炮泥、水炮泥填塞炮眼，爆破产生火焰引起瓦斯爆炸。煤尘参与爆炸。

121. 采掘工作面遇有哪些情况应当进行探放水?

采掘工作面具有下列情况之一的，必须进行探放水，确认无透水危险后，方可前进。

（1）接近水淹或可能积水井巷、老空或相邻煤矿时。

（2）接近含水层、导水断层、溶洞和导水陷落柱时。

（3）打开防、隔水煤（岩）柱放水前。

（4）接近可能与河流、湖泊、水库、蓄水池、水井等相通的断层破碎带时。

（5）接近有出水可能的钻孔时。

（6）接近水文地质条件复杂的区域。

（7）采掘破坏影响范围内有承压含水层或含水构造、煤层与含水层间的防隔水煤（岩）柱厚度不清楚可能突水时。

（8）接近有积水的灌浆区时。

（9）接近其他可能突水地区时。

◎真实案例

2009 年 3 月 21 日 17 点，湖南省衡阳市某煤矿发生透水事故，初步调查，共有13人被困井下。井筒井口标高+150 m，落底标高+20 m，井筒斜长220 m。估算透水量大约在1 000 m^3。事故原因初步分析为：矿井开采范围内老窑分布密集，采空区互相贯通，存在老窑积水；煤矿在开采过程中，未采取探放水措施，采掘过程中误穿积水老窑，导致事故发生。

122. 煤矿探放水设计包括哪些内容?

探放水设计应包括以下内容：

（1）探放水的采掘工作面及周围的水文地质条件、水害类型、水量和水压预计。

（2）探放水井巷的开拓方向、施工次序、规格和支护方式。

（3）探放水组数、个数、方向、角度、深度、孔径、施工技术要求和确定采用的超前距、帮距和探水线。

（4）探放钻孔孔口安全装置和耐压要求等。

（5）探放水施工与掘进工作的安全规定。

（6）受水威胁地区的信号联系和避灾路线的确定。

（7）通风措施和瓦斯检查制度。

（8）防排水设施，如水闸门、水闸墙、水仓、水泵、管路和水沟等排水系统和能力的安排。

（9）水情及避灾联系汇报制度和灾害处理措施。

（10）附钻窝设计、探放水孔布置的平面图及剖面图。

123. 煤矿井下探放水有哪些规定要求?

探放水指的是探水和放水两个方面。

探水是指采矿过程中用超前勘探的方法，查明采掘工作面底板、侧帮和前方等水体的具体空间位置和状况等，其目的是为有效地防治矿井水害做好必要的准备。

放水是指为了预防水害事故，在探明情况后采取钻孔等安全方法将积水放出。探放水是一项重要的防治水措施，也是一门技术性很强的安全工程，如果组织实施不当，不仅起不到防治水的作用，反而引发透水事故，甚至危及现场施工人员的安全。

煤矿井下探放水规定要求如下：

(1) 采掘工作面探水前，应当编制探放水设计，确定探水警戒线，并采取防止瓦斯和其他有害气体危害等安全措施。探放水钻孔的布置和超前距离，应当根据水头高低、煤（岩）层厚度和硬度等确定。探放水设计由地测机构提出，经矿井总工程师组织审定同意，按设计进行探放水。

(2) 布置探放水钻孔应当遵循下列规定：

1) 探放老空水、陷落柱水和钻孔水时，探水钻孔成组布设，并在巷道前方的水平面和竖直面内呈扇形。钻孔终孔位置以满足平距 3 m 为准，厚煤层内各孔终孔的垂距不得超过 1.5 m。

2) 探放断裂构造水和岩溶水时，探水钻孔沿掘进方向的前方及下方布置。底板方向的钻孔不得少于 2 个。

3) 煤层内，原则上禁止探放水压高于 1 MPa 的充水断层水、含水层水及陷落柱水等。如确实需要的，可以先建筑防水闸墙，并在闸墙外向内探放水。

4) 上山探水时，一般进行双巷掘进，其中一条超前探水和汇水，另一条用来安全撤人。双巷间每隔 30～50 m 掘 1 个联络巷，并设挡水墙。

(3) 井下探放水应当使用专用的探放水钻机。严禁使用煤电钻探放水。

(4) 在安装钻机进行探水前，应当符合下列规定：

1) 加强钻孔附近的巷道支护，并在工作面迎头打好坚固的立柱和拦板。

2) 清理巷道，挖好排水沟。探水钻孔位于巷道低洼处时，配备与探放水量相适应的排水设备。

3) 在打钻地点或其附近安设专用电话。

4) 依据设计，确定主要探水孔位置时，由测量人员进行标定。负责探放水工作的人员亲临现场，共同确定钻孔的方位、倾角、深度和钻孔数量。

5) 在预计水压大于 0.1 MPa 的地点探水时，预先固结套管，套管口安装闸阀，套管深度在探放水设计中规定。预先开掘安全躲避硐，制定包括撤人的避灾路线等安全措施，并使每个作业人员了解和掌握。

6) 钻孔内水压大于 1.5 MPa 时，采用反压和有防喷装置的方法钻进，并制定防止孔口管和煤（岩）壁突然鼓出的措施。

(5) 探水钻孔除兼作堵水或者疏水用的钻孔外，终孔孔径一般不得大于 75 mm。

(6) 探水钻孔超前距离和止水套管长度，应当符合下列规定：

1) 探放老空积水的超前钻距，根据水压、煤（岩）层厚度和强度及安全措施等情况确定，但最小水平钻距不得小于 30 m，止水套管长度不得小于 10 m。

2）沿岩层探放含水层、断层和陷落柱等含水体时，按有关规定确定探水钻孔超前距离和止水套管长度。见表 4—1。

表 4—1　　岩层中探水钻孔超前钻距和止水套管长度

水压（MPa）	探水钻孔超前钻距（m）	止水套管长（m）
<1.0	>10	>5
1.0～2.0	>15	>10
2.0～3.0	>20	>15
>3.0	>25	>20

（7）在探放水钻进时，发现煤岩松软、片帮、来压或者钻眼中水压、水量突然增大和顶钻等透水征兆时，应当立即停止钻进，但不得拔出钻杆；应当立即向矿井调度室汇报，派人监测水情。发现情况危急，应当立即撤出所有受水威胁区域的人员到安全地点，然后采取安全措施，进行处理。

（8）探放老空水前，应当首先分析查明老空水体的空间位置、积水量和水压。探放水孔应当钻入老空水体，并监视放水全过程，核对放水量，直到老空水放完为止。当钻孔接近老空时，预计可能发生瓦斯或者其他有害气体涌出的，应当设有瓦斯检查员或者矿山救护队员在现场值班，随时检查空气成分。如果瓦斯或者其他有害气体浓度超过有关规定，应当立即停止钻进，切断电源，撤出人员，并报告矿井调度室，及时处理。

（9）钻孔放水前，应当估计积水量，并根据矿井排水能力和水仓容量，控制放水流量，防止淹井；放水时，应当设有专人监测钻孔出水情况，测定水量和水压，做好记录。如果水量突然变化，应当及时处理，并立即报告矿调度室。

124. 使用探放水钻机有哪些安全规定?

《煤矿防治水规定》对使用探放水钻机进行了规定。

(1) 井下探放水应当使用专用的探放水钻机，严禁使用煤电钻探放水。

(2) 探放水钻机必须经有关部门检查防爆性能合格后，方可入井使用。

(3) 在安装钻机进行探水前，应当符合下列规定:

1) 加强钻孔附近的巷道支护，并在工作面迎头打好坚固的立柱和拦板。

2) 清理巷道，挖好排水沟。探水钻孔位于巷道低洼处时，配备与探放水量相适应的排水设备。

3) 在打钻地点或其附近安设专用电话。

4) 依据设计，确定主要探水孔位置时，由测量人员进行标定。负责探放水工作的人员亲临现场，共同确定钻孔的方位、倾角、深度和钻孔数量。

5) 在预计水压大于 0.1 MPa 的地点探水时，预先固结套管。套管口安装闸阀，套管深度在探放水设计中规定。预先开掘安全躲避硐，制定包括撤人的避灾路线等安全措施，并使每个作业人员了解和掌握。

6) 钻孔内水压大于 1.5 MPa 时，采用反压和有防喷装置的方法钻进，并制定防止孔口管和煤（岩）壁突然鼓出的措施。

125. 如何确定探放老空水起点？

确定探放老空水起点应注意以下安全事项：

由于小煤窑技术管理薄弱，几乎没有留下什么可供参考的有用资料，甚至绘制假图纸。老空积水范围是通过调查得出来，所以，小窑老空积水边界不可能十分准确，防隔水煤柱留设宽度过大，会加大钻探工作量，影响采掘进度，对生产不利；防隔水煤柱留设宽度过小，则对安全带来隐患。根据我国煤矿的防治老空积水经验，一般将调查获得的小窑老空分布资料，经过分析后，分别按照积水线、探水线和警戒线三条线来确定探放水起点。

（1）积水线。积水线指的是经过调查核实后的积水边界线。

积水线实际上就是小窑采空区的边界范围，其深部界线应根据小窑的最深下山划定。积水线是经过分析原有小窑开采图纸，走访有关小窑开采的当事人或知情人、经过物探和钻探核定后划定的积水区范围。

（2）探水线。探水线指的是沿积水线向外推移一定距离而画出的一条界线（如上山掘进时，则为顺层的斜距）。

探水线是探放水的起点。当巷道掘进到探水线位置时，开始进行探放水工作。探水线外推距离的大小根据积水线的可靠程度、水量和水压大小、煤层厚度和硬度，以及矿山压力大小等因素来确定，一般为 20～100 m。

（3）警戒线。警戒线指的是探水线向外推移一定距离而画出的一条界线（如上山掘进时，则为顺层的斜距）。

当掘进巷道到达警戒线位置时，应该警惕积水的威胁，注意掘进时工作面迎头水情有无异常变化，如发现有透水预兆，立即提前实施探放水工作；如无异常变化则继续前进。

126. 如何确定探放水钻孔主要参数?

探放水钻孔主要参数有超前距、允许掘进距离、帮距和钻孔密度，它们的确定主要考虑以下因素：

（1）超前距。超前距指的是探放水钻孔终孔位置与掘进巷道超前距离。

当巷道掘进到探水线时，从探水线开始向掘进前方布置钻孔，进行探放水。在实际工作中，钻孔一次就将积水体打透的情况极少，多数是探放水钻孔和掘进巷道相结合，探后再掘，掘后再探，以此循环地进行作业。在这一过程中，探放水钻孔的终孔位置始终保持超前巷道一定距离，超前距大多采用 20 m，而薄煤层可以适当减少至 8 m。

（2）允许掘进距离。允许掘进距离指的是经过探水后，证明前方无透水危险的巷道掘进的安全长度。

（3）帮距。帮距指的是探放水钻孔中最外侧斜孔到巷道帮的距离。

掘进巷道迎头布置的探放水钻孔，向前方呈放射状，一般不少于 3 个。帮距实际上是指最外侧斜孔所控制的范围，其值应与超前距相同，即帮距大多采用 20 m，而薄煤层可以适当减少至 8 m。

（4）钻孔密度。钻孔密度指的是在允许掘进距离的终点位置，探放水钻孔之间的距离，又叫做孔间距。钻孔密度过大，就可能在钻探时漏掉巷道前方、两侧和顶底板积水的老巷，所以对钻孔密度有一定的规定。钻孔密度根据老巷尺寸而定，一般老巷尺寸（宽和高）约 3 m，所以钻孔密度通常规定不得超过 3 m，以免漏掉老巷。

127. 探水钻孔安全装置有哪些规定?

在井下探放水工作中，一般水量和水压不大时，积水区的水可以通过探水钻孔直接放出，但是在探放水量和水压都很大的积水区时，为了保证安全，达到有计划地放水和收集放水资料的目的，必须在孔口设置安全装置。

(1) 预计水压大于 0.1 MPa 的地区，探水钻进前，必须先安好孔口管和控制闸阀，进行耐压试验，达到设计承受的水压后，方准继续钻进。

(2) 施工水压大于 1.5 MPa 的钻孔时，必须设置防喷和反压装置，并有防止孔口管和煤岩壁突然鼓出的措施。

在孔口安装孔口管时，先用大直径钻头扩孔至一定深度（根据水压大小而定），下套管后，在套管外围灌注水泥，待水泥凝固后再用小直径钻头钻进，直至全部钻透老空区为止，然后退出钻具，在孔口管的外露部分装上压力表、水阀门和导水管等。

128. 探放老空水作业应注意哪些安全事项?

探放老空水作业应注意以下安全事项：

(1) 钻进时发现有透水预兆必须停止钻进，但不得拔出钻杆。

(2) 在探放水钻进时，发现煤岩松软、片帮、来压或者钻眼中水压、水量突然增大和顶钻等透水征兆时，应当立即停止钻进，但不得拔出钻杆。

(3) 在钻孔出现出水异常情况时，现场负责人员应立即向矿调度室报告，并派人监视水情。如果发现情况危急时，必须立即撤出所有受水威胁地区的人员，然后采取措施，进行处理。

(4) 探放老空水前，应当首先分析查明老空水体的空间位置、积水量和水压。探放水孔应当钻入老空水体，并监视放水全过程，核对放水量，直到老空水放完为止。

(5) 当钻孔接近老空时，预计可能发生瓦斯或者其他有害气体涌出的，应当设有瓦斯检查员或者矿山救护队员在现场值班，随时检查空气成分。如果瓦斯或者其他有害气体浓度超过有关规定，应当立即停止钻进，切断电源，撤出人员，并报告矿井调度室，及时处理。

(6) 钻孔放水前，应当估计积水量，并根据矿井排水能力和水仓容量，控制放水流量，防止淹井；放水时，应当设有专人监测钻孔出水情况，测定水量和水压，做好记录。如果水量突然变化，应当及时处理，并立即报告矿调度室。

◎真实案例

2009 年 6 月 13 日 16 点，湖南省娄底市某煤矿－120 水平一石门上山东煤平巷发生透水（突泥）事故，造成 5 人死亡、3 人失踪。采矿许可证划定的开采深度为－20 米标高，但实际开采标高已达－120 米，发生事故的石门上山东煤平巷在超层越界区。

129. 掘进工作面冒顶的主要原因是什么?

掘进工作面冒顶主要有以下原因：

（1）掘进爆破后，煤、岩体松动、抛出，破坏了原有的应力平衡状态，造成顶板下沉、离层、破碎，煤、岩块与原煤岩体失去联系，如果支护不及时，这些就会冒落而发展为冒顶事故。

（2）掘进工作面迎头支架支护时间短，初撑力小，且整体性不强，极容易被爆破崩倒，支护失效而发生冒顶。

（3）巷道交岔处控顶面积大，支护形式复杂，顶板经受二次破坏，是掘进巷道冒顶常见部位。

（4）锚杆支护设计不合理，操作方法不得当，施工质量不达标，造成锚杆支护系统锚固力不足而顶板塌落。

（5）受地质构造影响，遇到断层、褶曲、破碎带时，支护形式不能适应地质条件变化，容易发生冒顶。

（6）掘进作业人员违章在空顶条件进行作业，不架设超前探梁，不支护临时支架，不敲帮问顶，危岩活矸得不到支护而垮塌。

130. 如何预防掘进工作面冒顶?

预防掘进工作面冒顶主要措施有以下几方面内容：

（1）坚持敲帮问顶，危岩活矸必须及时处理。

（2）根据工作面顶板煤岩石性质，严格控制空顶距离，坚持使用超前支护，使作业人员始终处于有效支护保护下进行作业。

（3）随时检查工作地点支架架设质量，发现不合格支架，必须先处理后施工。

（4）坚持锚杆支护的质量监测，发现锚杆支护存在问题必须立即修改设计，及时处理存在的问题。

（5）掘进迎头架棚后应加强连锁加固，提高支架的稳定性；爆破崩倒的支架应由外向里逐架扶正、背牢。

（6）合理布置炮眼及其装药量，正确采用爆破方法，防止因爆破过大崩倒支架或崩冒顶板而发生冒顶。

（7）在地质破坏地带或压力剧增地点要缩小棚距，甚至一架靠一架紧跟工作面迎头。

131. 掘进工人应符合哪些上岗条件?

掘进工人应符合以下上岗条件：

（1）掘进工人必须经过专业技术培训，经考试合格后，方可上岗。

（2）掘进工人必须熟悉施工范围的一通三防、顶板、防治水等方面的情况和相关预防灾害措施，了解避灾安全路线。

（3）掘进工人应具有一定的巷道掘进基础知识，掌握施工操作技能，并能独立完成现场操作。

（4）参与施工的所有人员除执行本工种《操作规程》和本工作面《作业规程》外，还必须认真执行《煤矿安全规程》《矿山安全法》《煤矿安全监察条例》等有关法律、法规中的有关规定。

132. 掘进工人入井应遵守哪些安全规定?

《煤矿安全规程》规定，入井人员必须戴安全帽、随身携带自救器和矿灯，严禁携带烟草和点火物品，严禁穿化纤衣服，入井前严禁喝酒。同时，明确规定煤矿企业必须建立入井检身制度和出、入井人员清点制度。

（1）戴安全帽。因为井下顶板碎矸可能随时掉落砸着头部，同时巷道、工作面空间狭小，容易碰撞头部，为了保护头部，凡井下人员必须戴安全帽，且必须系牢帽带。

（2）随身携带自救器。自救器俗称“救命器”，当遇有火灾、瓦斯、煤尘爆炸时，因缺氧或者产生大量有毒有害气体，容易造成人员窒息或中毒，因此，入井人员必须随身携带自救器，还要会正确使用。

（3）随身携带矿灯。矿灯是矿工的眼睛，不带矿灯下井将寸步难行；同时，矿灯还可以作为应急、呼救信号和清点人数的依据之一。

（4）严禁携带烟草和点火物品。一旦用火或吸烟，不仅容易发生火灾，当瓦斯、煤尘超限，还会引起瓦斯、煤尘爆炸。

（5）严禁穿化纤衣服。化纤衣服绝缘电阻大，当人体活动时，它与身体摩擦产生静电，可能引起瓦斯爆炸、引爆电雷管，遇有火灾事故时，还会加重对人体的伤害。

（6）严禁入井前喝酒。矿工入井前喝酒，往往神志昏沉，精力不集中，工作中容易出现差错，特别是井下自然条件不好，极易引发生产安全事故。

（7）入井检身制度。煤矿企业建立入井检身制度，也是对上述违章、违纪行为采取的重要防范措施之一，从“井口”源头抓起，杜绝危险源。

（8）出、入井人员清点制度。出、入井人员清点制度，可以对职工进行考勤，同时，井下一旦发生灾害事故，便于掌握人员出、入井情况和井下人员分布状况，有利于进行抢险救援。

133. 巷道掘进一般安全规定包括哪些内容?

（1）掘进工作面严禁空顶作业。

（2）严格按方向线施工。

（3）支架卡缆拧紧力矩必须符合《作业规程》规定。

（4）支架间应设牢固的撑木或拉杆，规格数量在《作业规程》中应做详细规定。

（5）支架与顶帮之间插背必须按《作业规程》执行，要求塞紧、插实。

（6）水平巷道支架杜绝前倾后仰；倾斜巷道支架迎山角符合《作业规程》要求。

（7）柱窝做到实底，否则穿鞋。

（8）工作面迎头 10 m 爆破前必须使用防倒装置进行加固。

（9）炮掘时必须使用金属前探梁，机掘时可以不使用。

（10）控顶距永久支架至迎头煤壁最大距离不大于设计棚距加 0.3 m。

（11）锚网巷道巷帮应平直。

（12）铺网要铺平绷紧，不出网兜，网之间搭接不少于 100 mm。

（13）锚杆钻孔时要按设计要求定位，锚杆孔深和角度应符合设计要求。

（14）锚杆应具有一定的预紧力，拧紧力矩应达到设计要求。

（15）锚索预紧力要达到 100 kN 以上，有特殊规定时，要在《作业规程》中明确。

（16）工作面迎头 10 m 爆破前必须使用防倒装置进行加固。

（17）修复支架必须先检查顶帮，并由外向里逐架进行。

（18）掘进巷道在揭露老空前，必须有预防冒顶、透水、涌出瓦斯和引发火灾的措施。

134. 掘进工操作前应做好哪些准备工作?

掘进工操作前应做好以下准备工作：

（1）按时参加班前会，接受安全教育。

（2）按规定准备好材料，保护好电缆、水沟、管路等。

（3）按规定准备好所需要的各种工具。

（4）检查迎头顶板和作业环境状况，是否顶空，是否有水患等。

（5）检查迎头瓦斯情况，是否超出规定值，是否有残爆、瞎炮等。

（6）检查风筒、防尘装置等通防设备的完好情况。

（7）检查瓦斯探头、监测电缆等监测设备的完好情况。

（8）检查迎头支架的支护质量，卡缆紧固、插背、撑木、支拉板是否符合规程规定。

（9）检查锚固力是否符合要求，锚网质量是否符合规程规定。

（10）检查各种安全设施、设奋的完好情况。

（11）检查前探梁数量是否符合要求。

（12）加固临近巷道，确保出口安全。

（13）倾斜巷道施工前，在施工地点的上、下两头必须分别设置临时保护挡板，以防矸石、料石等物滚动伤人。

（14）掘进巷道开工前必须先看线，施工时严格按照方向线和平线施工。

135. 如何进行敲帮问顶？

敲帮问顶指的是人员站在安全地点，用手镐或专用工具敲击顶板（或两帮），以测试其完整性和稳定性的一种方法。敲帮问顶操作时应注意如下安全事项：

（1）敲帮问顶应从有完好支架的地点开始，从近及远，先顶后帮进行。敲帮问顶所触及顶板点应避开人员站立位置。敲帮问顶范围内严禁其他人员进入。

（2）敲帮问顶时，顶帮如果发出空旷的回声，说明顶帮有松动现象，必须立即撬下。

（3）敲帮问顶时，顶帮如果发出清脆的回声，接着用手指紧贴顶帮并敲击，如果手指没有震动感，说明顶帮没有松动、离层现象，是安全的；如果手指感到震动，即使声音清脆，也说明这块大岩石已经与顶帮岩体离层，必须立即加强支护。

（4）禁止两人同时在一个地点进行敲帮问顶，以免相互干扰。如果在冒落高度较高或顶板条件较恶劣的地点进行敲帮问顶，应当由两名有经验的人员配合操作，一人手执手镐或长钎敲帮问顶，另一人观察顶板变化和安全退路，前者应站在安全地点，后者应站在侧后方，并保证两人退路畅通。

(5) 敲帮问顶时应戴好手套，遇有顶板破碎掉矸，立即扔掉工具撤至安全地点。

136. 掘进工作面“找掉”应注意哪些安全事项？

“找掉”指的是通过敲帮问顶后，将活矸、危岩撬下的操作。掘进工作面每班开工前和作业过程中，必须进行“找掉”工作。

(1)“找掉”顺序按着先外后里，先顶后帮的原则进行。

(2)“找掉”时使用专用工具，先轻敲顶板，以观察是否颤动，无颤动时再重敲。如有破裂或松动时应立即撬下，倘若其范围较大，不能撬下来时，应打好临时支柱或托板。

(3) “找掉”时人员要站在支护安全地点，保持后路畅通。“找掉”工作应由两名有经验的工人担任，一人“找掉”，一人观山。“找掉”地点不准同时进行其他工作，如顶板较高，可用长钎子“找掉”，“找掉”人必须戴手套，防止矸石顺钎杆下滑伤人。

(4) 用手镐“找掉”或刨煤时，禁止用大抡镐的方法，应采用背镐的方法，以免碰伤他人。

137. 人力推车运料有哪些安全事项？

(1) 人力推车运料时要头戴矿灯，注视行车前方，思想集中。在接近道岔、弯道、巷道岔口、风门时，推车、停车、掉道、前方有人或障碍物时，都必须提前发出警号。

(2) 推车过道岔要提前减速，慢速通过道岔，过弯道要在矿车后外侧加力，通过风门前，减速停车，先打开风门，矿车通过后立即将风门关闭。两道风门严禁同时打开，通过一道，关闭一道，严禁用矿车撞开风门。行车中要时刻注意行人、风筒、管线、设备等。

(3) 严禁在坡度超过 7‰的巷道内推车。严禁放飞车和蹬车。

(4) 推车工的头部不得伸入矿车上方，也不能站在矿车的前方及两侧。

(5) 同方向多车推行时两车的距离不得小于 10 m。前车掉道或停止时，要警告后方车辆。

(6) 矿车不能在有可能下滑巷道内停留。平巷停车时，必须用木楔或十字道木制动阻车。

(7) 矿车掉道上道时，上道人员要有专人统一指挥。用铁道或木杠撬车时，撬物长短要合适，不得用力过猛，手脚必须置于撬物上方。在车工侧背扛矿车上道时，要注意周围环境的安全，防止挤伤。重车掉道应使用专用工具上道。

138. 小绞车运料开车前的检查有哪些内容?

小绞车运料开车前主要检查以下内容：

(1) 小绞车安装地点的支护必须齐全可靠，且便于操作和瞭望。

(2) 小绞车必须安装安全可靠，斜撑点柱、压车点柱、车座等必须牢固。

(3) 各零、部件要齐全，螺钉不得松动及缺损，信号灵敏可靠。

（4）开、停车的运转要灵敏，制动闸必须可靠。

（5）滚筒上钢丝绳排列整齐，钢丝绳磨损不得超过《煤矿安全规程》的规定。

（6）保险绳应与主绳直径相同，并连接牢固，矿车的保险绳、矿车连接插销、连接环等要安全和齐全可靠。

（7）滑轮、绳套、绳卡必须牢固可靠。

（8）润滑系统及注油量应符合要求。

（9）电气操作按钮应灵敏可靠，信号清晰齐全、灵敏、可靠。

139. 小绞车运料有哪些安全注意事项？

小绞车运料有以下安全注意事项：

（1）严格按信号操作绞车，信号不清或发现运输道上有行人及其他障碍物时不准开车。

（2）听到清晰、准确的信号后，首先应辨明开车方向，然后闸紧制动闸，松开工作闸，按信号指令方向启动绞车空转。缓慢压紧工作闸把，同时缓缓松开制动闸把，使滚筒慢转，平稳启动加速，最后刹紧工作闸，松开制动闸，达到正常运行速度。

（3）绞车运行时，司机思想要高度集中，注意观察，手不离闸把，不准谈话、逗笑。

（4）必须在护绳板后操作，严禁站在牵引一侧或滚筒前面操作。严禁司机在开车的同时处理爬绳，严禁用手、脚排列绳位。

（5）使用小绞车运输，矿车运行的前方必须挂红灯，开车时要注意红灯和绳上的减速停车标记。

（6）绞车运行中，如绞车负荷突然加大或运转声音发现异常，应立即停车，由上方派人查明原因，及时处理。

（7）如矿车在斜巷中掉道时应立即停车，及时报告班长组织上道。上道时要有专人统一指挥和布置安全注意事项。严禁强行牵引上道，处理矿车掉道时人员必须从车上方下来处理，处理人员不要站在车下方。

（8）在坡道上松车时，要控制下放速度，掌握行程，严禁放飞车。必须带电松车，松完车后保持滚筒留绳不少于3圈。

（9）在坡道上停车时，要用制动闸，由上方去人并打好闸，司机不准离开岗位。绞车司机不在操作岗位，其他人员不得私自开车。

（10）在使用多台小绞车接力提升时，两台绞车接力处，必须有换车场。绞车司机兼作把钩工时，必须用绞车制动闸将滚筒制动牢靠后，打好闸，再进行摘、挂钩工作，否则，不准脱离岗位。

（11）绞车提升时，严禁超负荷运行。矿车必须使好保险绳。

（12）小绞车运行中，如需紧急制动，不得过猛。如因紧急制动过猛使钢丝绳受冲击，拉力过大，恢复开车前必须检查钢丝绳有无损坏。

（13）严禁不带电放飞车。

（14）小绞车停用时，必须切断电源，打好零位并闭锁。

140. 胶轮车司机必须具备哪些上岗条件？

胶轮车司机必须具备以下上岗条件：

（1）必须了解煤矿有关安全生产法律法规、安全管理规章制度和劳动纪律。

（2）必须掌握井下安全知识和有关灾害防治知识，熟悉井下避灾路线。

（3）必须经过技术培训，考试合格，持证上岗。

（4）必须熟悉本设备的结构、性能、参数及完好标准，并会进行一般性的检查、维修、保养及故障处理。

（5）必须熟悉各种车辆行驶路线范围、巷道参数、支护形式，掌握各种安全标志和信号的有关规定。

（6）必须能准确使用通信设施，准确执行调度指令，保持运输中的通信联络，不得随意关闭通信。

（7）必须能准确使用瓦斯自动报警仪，当瓦斯浓度超标时，应立即熄火停机，查明原因，有害气体不超限时，方可开车运行。

141. 胶轮车启动前应检查哪些内容?

胶轮车启动前应检查以下内容：

（1）外观检查：查看机壳、轮胎等有无损坏。

（2）消焰器清洁检查，清理现有的消焰器或者更换消焰器。

（3）发动机油位检查，用油尺查油位。如油位低，可补入合格的油到油尺标志位。

（4）通过高、低位可视窗检查液压油位。

（5）用油尺检查传动齿轮箱油位。

（6）用油量表检查油箱油位。

(7) 用高、低位可视窗检查机器冷却水位，如需要，则加入清洁水到高位可视窗的中间位。

(8) 清理空气过滤器中积存的灰尘，必要时，则更换之。

(9) 检查瓦斯报警仪和灭火器材是否完好有效。

(10) 检查启动气压表的读数，应显示为规定值，如果压力低于此值，需要重新充压。

(11) 检查轮胎和轮轴螺栓的紧固状况。

142. 胶轮车启动后应检查哪些内容?

胶轮车启动后应检查以下内容：

(1) 用油尺检查传动油箱位，如偏低，则补加合格油到油尺标志位。

(2) 检查方向指示灯工作情况，将方向选择手柄前推或后拉，车行方向指示灯为白光，反向为红光。

(3) 观察各油压表显示压力是否符合规定。

(4) 检查各油温表所示温度是否符合规定。

(5) 检查喇叭。

(6) 检查工作制动闸及停车闸的操作。

(7) 检查机车转向系统的操作。

(8) 通过目测、耳听，检查柴油机工作是否正常，如有不正常情况，及时处理。

(9) 检查各系统有无渗漏、松动或异响。

(10) 确认机车无问题后方可准予进入运行状态。

(11) 检查前进、后退踏板操纵杆是否灵活可靠。

143. 如何对胶轮车进行启动操作?

1. 发动机启动操作

在进行检查确认车况良好后，进行以下操作：

(1) 将启/停开关打到启动位置，将挡位打至1挡。

(2) 将前进、后退打至中间位置。

(3) 按下启动按钮，发动机启动。

(4) 如果启动失败，需重新按下启停开关，使机器处于停止状态15 s，重新启动。

(5) 启动发动机后必须检查各仪表及保护系统处于正常状态。

2. 机车运行操作

在完成启动程序后，发动机运行起来，然后按以下步骤进行操作：

(1) 选择前进挡或后退挡。

(2) 选择第一挡传动。

(3) 对脚制动施加轻压，并松开紧急停车制动闸。

(4) 踏油门以增大发动机速度，同时放下脚踏。

(5) 任何时候在条件允许下可以换挡，然而，当选择较高挡时，短暂地释放在加速器踏板上的脚压力；当选择较低挡时，稍微增加加速器上的脚压力。

(6) 只有机车完全停止时，才能改变其运行方向。

144. 胶轮车运行时应注意哪些事项?

胶轮车运行时应注意以下事项：

（1）车辆必须前有照明，后有尾灯。

（2）不得背对前进方向行驶，如确无法做到时，必须有跟车工指挥。

（3）同一巷道，不得有两辆及以上车辆对面行驶。

（4）车辆在行进巷道口、洞室口、弯道、道岔、坡度较大或噪声大的地段，以及前有车辆、障碍物或视线有障碍时，都必须减低至最低速度并鸣号。

（5）车辆的制动距离，每年至少测定一次，并严格控制在《操作说明书》的范围内。

（6）胶轮车在执行运输任务时，要确保货物绑扎牢固，严禁超载、超高、超宽运输，严禁人、物混装。

（7）行驶中遇有行人或途径有人员工作的地点时，必须鸣号减速、停车，确定人员已躲避，否则不得通过。

（8）胶轮车司机操作时应保持坐在驾驶椅上、目视前方、双手握住方向盘的正确姿势，严禁将头、手或身体伸出车体外，严禁站在车下开车。

（9）司机必须按信号指令开车，开车前先发出开车信号，检查确认周围无人时，方可启动。

（10）司机上岗后，不得擅自离开岗位，严禁在车辆未停放时离开司机室。司机暂时离开岗位时必须做好机车制动，依次做好工作制动，手闸制动，脱离离合器，柴油机怠速运转、停机、锁车等步骤。

（11）加强对车与人车运行前的检查。

（12）车辆上坡不准曲线行驶，下坡不准脱挡滑行。

（13）严禁用胶轮车顶或拉其他车辆。

（14）井下胶轮车装货物必须制动锁车，但不得熄灭灯光。

145. 煤电钻打眼前应做好哪些准备工作？

煤电钻打眼前应做以下准备工作：

（1）往井下携带电钻时，要将电缆线绕成圈（不准缠绕在电钻上），移动时提电钻手把或用绳索背送，不得用电缆拉拖电钻。

（2）打眼前要准备好钻具、钻头、钻杆等必要工具，并进行试运转。

（3）要做好敲帮问顶、加固支架工作，严禁空顶作业，保证作业环境安全。

（4）电钻不准埋在煤和矸石里，也不准放在铁道上，要挂好。

（5）打眼前要做到“三紧”“两不要”，即检查上衣角、领口和袖口是否紧扎好，打眼时不要戴手套，不要把毛巾露在衣领外。

（6）要将电钻电缆挂在巷帮上，防止被挤压损坏。

146. 如何使用煤电钻打眼？

（1）按巷道中腰线和炮眼布置图的要求，用手镐标好眼位，并刨出眼窝。

（2）打眼时，钻头要先轻轻接触煤壁，再开开关，然后按规定的角度、方向钻进。

（3）电钻开动后要及时供水，要注意钻杆的进度，每隔一定时间要将钻杆往返抽动，排除煤（岩）粉。

（4）钻眼时钻眼工脚要站稳，双手握紧钻体，不要加压过猛，两臂用力要均匀，防止钻杆折断及超负荷烧坏电钻电机。

（5）在煤壁上打眼，要尽量躲开硬夹石层和硫化铁结核。

（6）开眼和打眼过程中，不准用手扶、托钻杆及用手掏眼口的煤、岩粉。

（7）严禁打眼与装药平行作业。

（8）一台电钻一般应由两人同时操作，严禁电钻超负荷运转。

（9）打完眼后应切断电源，把钻杆平放在安全、可靠的地方，防止被砸、碰弯曲。电钻应撤至距工作面 20 m 以外安全地点或放置于硐内干燥处。

（10）电钻外壳温度上升至 50～60℃（手发烫）时停止使用，应将电钻移至干燥和通风良好的地点降温后再使用。

（11）工作地点如有滴水、淋水时，要将电钻遮盖好。

（12）在顶板破碎、围岩松软时，按专项安技术措施施工。

（13）必须使用煤电钻综合保护装置。

147. 遇有哪些情况应立即停止打眼，进行处理？

遇有下列情况之一，应立即停止打眼，进行处理：

（1）电钻发生转动困难。

（2）电钻发出不正常的响声。

（3）发觉电钻机体颤动异常。

（4）瓦斯等有害气体浓度超过规定。

（5）有出水加大、顶钻现象，若有透水危险不能拔出钻杆。

（6）电钻超过温升规定。

（7）电钻和电缆线漏电。

148. 如何使用风钻（风动凿岩机）打眼?

（1）风钻司机要一手扶住风钻的把柄，一手根据钻进情况调节操纵阀和钻架调节阀。

（2）严禁干打眼。开钻时要先开压风，后开水；停钻时则先停水，后停压风，以防水进入气缸。遇有供水中断、漏风跑水、风压降低严重等情况，必须停止打眼进行处理。

（3）打眼时人要站在风钻后侧方，身体贴紧钻架，两腿前后错开，双脚蹬实，严禁骑在气腿上打眼。

（4）打眼时司机要从钻架后向前看，钎子、风钻和钻架要在同一垂直面上。

（5）在整个打眼过程中，要根据手感知岩石的软硬来调整钻架的推力，推力要均匀适当，钻架要稳升稳降；使钻杆在炮眼中心线上旋转。

（6）根据岩石软硬供给炮眼的冲洗水要适量，以保证岩粉浆顺利地从炮眼内流出为准。

（7）打眼应与煤岩层理、节理方向成一定的夹角，尽量避免沿层理、节理方向打眼；多台风钻同时作业时，要相互错开。

（8）钻头合金片要每天磨一次，经常保持锋利。

（9）风钻开动之前注油器内要注满润滑油，调好供油阀。工作过程中应每隔一定时间向注油器内补充油液，不得无润滑油作业。

(10) 钻眼完毕，应先拆除水管并低速运转，吹净风钻内部残水。

(11) 对经常拆装的风钻，在运转中要特别加强两条拉杆的固定螺母和风管锁母的检查及紧扣。

(12) 钎杆要直，钎尾端面必须平滑，水孔应在钎尾中心，钎杆与钻头连接处的锥角应一致，咬紧不掉钻头。

(13) 风钻用完后，要移至距工作面 30 m 以外的安全地点，上工具架或竖靠巷道一帮，严禁平放在底板上。

(14) 风、水管要拖出距工作面 20 m 以外，并盘好悬挂在巷道一帮。

(15) 在大断面巷道中打顶眼时，应采取搭工作台或爆破以后蹬煤矸堆作业的方法。

(16) 钻深眼时，必须采用不同长度的钻杆，开始时使用短钻杆，而后逐步替换为长钻杆。

(17) 高压风管的接头必须牢固可靠，风管无破损，以防脱节抽人。风动凿岩机见图 5—1 所示。

149. 发爆器必须符合哪些要求?

发爆器必须符合下列要求：

(1) 发爆器必须采用矿用防爆型发爆器。

(2) 领取发爆器时，应检查其发爆能力。将开关钥匙扭至充电位置，经过规定的时间（50 发爆器为 6～12 s），氖灯发亮，则证明发爆能力能满足规定数量的雷管引爆需要。禁止用短路的

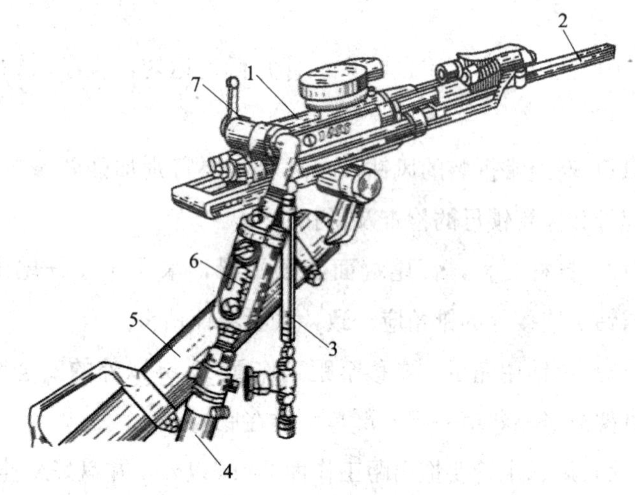

图 5—1　YT—23（7655）型风动凿岩机

1—凿岩机主机　2—钎子　3—水管　4—压气软管　5—气腿

6—注油器　7—操纵阀

方法（在发爆器接线柱间用导线短路观察火花大小）来检查发爆器的能力。

（3）爆破母线必须使用铜芯的橡胶线或聚氯乙烯线；爆破母线的长度和电阻应符合要求；掘进工作面爆破母线长不小于 75 m，电阻不大于 30 Ω。爆破母线接头必须除锈、扭接，并用绝缘带包缠。

（4）使用毫秒电雷管最后一段的延期时，最后一段的延期时间不得超过 130 s。

（5）整个电爆网路经过导通检测确认合格后，才准将母线与发爆器电源开关连接，准备起爆。

（6）爆破工带发爆器到工作面时应放在加锁的铁箱内，发爆器钥匙由爆破工保管。

150. 领退、携带和存放火药有哪些规定？

领退、携带和存放火药应遵守以下规定：

（1）雷管必须由爆破工亲自领退和携带，炸药必须由爆破工领退，由爆破工或经审查批准的背药人员在爆破工监护下携带，其他人员不得领退和携带。

（2）爆破工和背药人员进入火药库时，必须出示要害证明或证明信。进入火药库时，不准携带矿灯。

（3）按预定的数量领取炸药和雷管，并当面点清，与账目相符，剩余必须退库。

（4）携带火药时，必须执行专人、专箱、专锁的规定。爆破工背的火药箱、炸药和雷管存放要隔开。背药人员用的炸药箱在领取炸药后，由火药库管理员加锁，背到工作面后交给爆破工，钥匙由爆破工保管。

（5）爆破工除携带雷管外，携带炸药不超过 6 kg；背药人员携带炸药不超过 12 kg。

（6）携带火药人员乘坐车辆时，不得与其他人员同坐一节车厢或同一个矿车内。

（7）不准在人多或来往车辆频繁的地点停留，任何时候都不准坐火药箱。

（8）火药箱必须随时加锁，集中存放，由爆破工负责管理。

（9）存放地点必须支护完好，远离电缆和电器设备，没有淋水，且不准有其他人员在此休息。

(10) 每次爆破时，都必须把火药箱放到警戒线以外的安全地点。

(11) 当班剩余的炸药和雷管必须交回药库，不得向下一班移交。

151. 如何在现场装配起爆药卷?

在现场装配起爆药卷应注意以下事项：

(1) 装配起爆药卷要在工作面的安全地点或硐室进行，必须躲开轨道、电机车架空线、管路、钢丝绳、输送机、电缆、开关等金属导电体至少 1 m 的距离。

(2) 装配起爆药卷的工作只能由爆破工自己做，不准其他人员代替。

(3) 把脚线顺好，将脚线扭结成短路，用脚踩住雷管的尾脚线，用手攥住雷管脚线首端，用力均匀抽出，不得用手攥住雷管抽。

(4) 用直径略大于雷管直径的木质、竹质或铜、铅质炮针，在药卷的平端中心扎孔或将药卷平端炮皮纸揭开，稍微搓软。

(5) 将雷管插入药卷内，脚线在插入雷管的药卷一端绕扣、锁紧，并将余脚线全部缠在药卷上。禁止将雷管从药卷的侧面斜插入药卷的方法做起爆药卷。

(6) 装配起爆药卷的数量，以当时的需要数量为准。

(7) 每个起爆药卷只能插一个雷管，不能插两个及以上。

152. 掘进工作面如何进行装药?

掘进工作面装药应注意以下事项：

（1）掘进工作面装药前必须对装药地点附近 20 m 范围内风流进行瓦斯浓度检查，瓦斯浓度超过规定不准装药。

（2）装药前，要先清除炮眼内的煤、岩粉。

（3）用炮棍探明炮眼的深度、角度、方向和炮眼内积水及变形等情况。

（4）爆破工必须依照《作业规程》《爆破说明书》规定的各个炮眼药量、起爆方式进行装药。各炮眼的雷管段号要与爆破说明书规定的起爆顺序相符合。

（5）起爆方式分为正向起爆和反向起爆两种。正向起爆的起爆药卷最后装入，起爆药卷及所有药卷的聚能穴都朝向眼底。反向起爆的起爆药卷先装入，起爆药卷及所有药卷的聚能穴都朝向眼口。无论采用何种起爆方式，起爆药卷都应装在全部药卷的一端，不得将起爆药卷夹在两药卷中间，如图 5—2 所示。

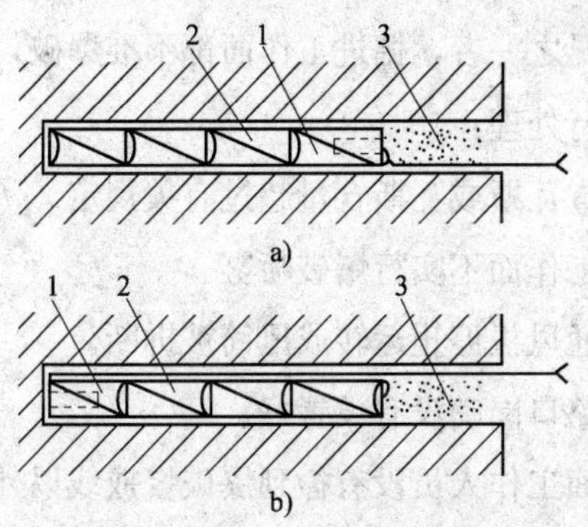

图 5—2 起爆方式

a）正向起爆 b）反向起爆

1—起爆药卷 2—药卷 3—炮泥

(6) 正向爆破时，将聚能穴朝眼底方向将药卷一个接一个装入眼内，起爆药卷装在最外，各药卷之间不得留空隙。爆破工用手牵住脚线，用木质炮棍将药卷和起爆药卷一并轻轻地推入炮眼。

(7) 炮眼内有水时，药卷和启爆药卷都要装入防水袋内。

(8) 将1～2节水炮泥轻轻推入与启爆药卷相接，眼口要用软硬适中的炮泥封口。装一节水炮泥时，封口炮泥长度不小于0.3 m。

(9) 装炮泥时，头几块炮泥要轻轻捣紧，以后逐块加力捣实。

(10) 掘进工作面装药爆破时，要停止其他作业。

153. 掘进工作面在哪些情况下不准爆破?

有下列情况之一者，掘进工作面都不准爆破，并立即报告班组长，及时进行处理：

(1) 不检查瓦斯或瓦斯含量超过有关规定。

(2) 掘进工作面不实行爆破喷雾。

(3) 局部通风机停止运转或风筒被拆断。

(4) 各通路口岗哨没有设置好。

(5) 工作面工作人员没有撤到爆破警戒线以外。

(6) 爆破母线长度不够。

(7) 工作面支护不好。

(8) 爆破工没有发出爆破警号，如没有吹长哨，没有大声喊“爆破了”，没有回头看等。

（9）工具、设备、电缆、管路没有撤出或掩护好。

（10）火药箱子没有撤出警戒线。

154. 掘进工作面连线应注意哪些事项?

爆破时脚线之间的连接，脚线与爆破母线的连接，导通检查线路，爆破母线与发爆器接线柱的连接，发爆器充电、放电，爆破等工作的操作，只许由爆破工一人进行。脚线的连接可由经过专门训练的班组长协助。

掘进工作面连线应注意以下事项：

（1）掘进工作面一般采用串联法连接。

（2）掘进工作面的连线顺序应先连掏槽眼，再连辅助眼和周边眼。使用毫秒雷管时，应按段号顺序进行连线。

（3）脚线的连接要紧固牢靠，脚线接头有锈时要除锈。

（4）脚线连接好后都必须悬空，所有连接处都不得与煤壁、岩石或任何物体相接触。

（5）当炮眼过深，脚线不够长而不能露出眼外时，必须接长脚线。两个接头必须错开接，并用胶布包好。

（6）爆破母线不得与电缆电线、铁管、钢丝绳、输送机等导电体相接触，并不得与电缆、电线等相靠近。

（7）母线和脚线的连接，只准在母线另一端扭结在一起的情况下进行连接。

（8）爆破母线与电雷管脚线连接好后，拆开扭结的一端，用导通表对爆破线路进行导通试验。严禁用发爆器放电碰头短路的方法检查和试验爆破母线的导通。

如图 5—3 所示为某煤矿的炮眼布置图。

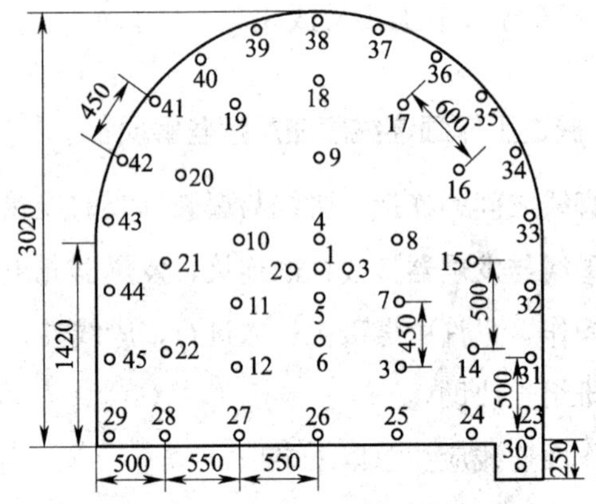

图 5—3　某煤矿回风大巷掘进工作面炮眼布置图

各炮眼起爆顺序如下：

1 空眼

2～5 掏槽眼

6～11 一圈辅助眼

12～22 二圈辅助眼

31、32、44、45 帮眼和 33～43 顶眼

23～30 底眼

155. 掘进工作面爆破应注意哪些事项?

掘进工作面爆破应注意以下事项：

（1）掘进工作面爆破前必须对附近 20 m 范围内巷道洒水降尘。

（2）架棚巷道迎头 10 m 范围内支护完好齐全，且相互连锁加固。锚杆支护巷道要对锚杆螺母进行二次紧固，锚固力不低于100 kN。

（3）爆破前，工作面班组长必须亲自布置责任心强的人员在可能进入爆破地点警戒线的所有通路上担任警戒工作。警戒人员必须在有掩护的安全地点进行警戒。未经班组长允许，不得擅离岗位，执行好“三人连锁爆破制”。

（4）爆破前，工作面班组长负责安排把机器、工具、电缆、管路等加以可靠地保护或移出工作面，每次爆破都必须把所有炸药、雷管放到警戒线以外的安全地点。

（5）爆破工必须最后离开爆破地点，并在有掩护的安全地点进行爆破。其到爆破地点的距离必须符合《作业规程》的规定。

（6）爆破时，爆破工必须先发出爆破警号，吹长哨，至少再等5 s并回头看，确未发现爆破地点有人或灯光时才可爆破。

（7）将手把和钥匙插入发爆器（不到爆破通电时不得插入），扭至充电位置，氖灯亮，再扭到放电爆破位置爆破。

（8）每放一次炮填写一次爆破原始记录。升井后填写爆破日志。

（9）装药的炮眼必须当班全部爆完。特殊情况下，如需留交下班继续起爆，则爆破工必须在现场向接班爆破工交代清楚情况。

（10）爆破后，炮工及班组长等要到迎头详细检查瓦斯和有无残爆等。

156. 掘进工作面攉煤应注意哪些事项？

掘进工作面攉煤应注意以下事项：

（1）攉煤地点周围不合格的支护必须修好补齐；煤壁有伞檐或有片帮危险的必须及时处理。

（2）攉煤时要上下照顾，注意周围人员、支柱和各种相互碰撞的情况，以免碰伤自己和他人，煤炭不要乱扬。

（3）攉煤时坚持班中敲帮问顶制度，严禁空顶作业；要随时观察支护情况，不能将柱脚掏空，发现失脚或卸载支柱等安全隐患，必须进行处理。

（4）作业范围内的刮板输送机、搪瓷溜槽必须稳固牢靠，信号装置灵活可靠。

（5）清除作业范围内的障碍物，物料要码放整齐，浮煤要清扫，以保证工作中自身安全及通风、行人的通畅。

（6）倾斜工作面攉煤前，要设好上下挡煤板，并打好牢固的脚手架。

（7）握紧锹把，先从煤堆边从上往下把煤顺势推入溜槽内，再逐步由溜槽边向煤帮、沿底往溜槽内攉煤，攉煤时要攉净见底。

（8）人员进入机道内攉煤时，必须先停止采煤机和输送机运行。在机道攉煤时，应严防采煤机牵引大链弹人和片帮伤人。

（9）严禁站（骑）在输送机上或搪瓷溜槽内攉煤。

（10）在攉煤时发现雷管和炸药必须及时拣出，交爆破工保管；若遇瞎炮时，必须找班组长和爆破工处理，严禁自行掏挖和外拽。

157. 锚杆机司机应具备哪些上岗条件？

锚杆机司机应具备以下上岗条件：

（1）必须了解煤矿有关安全生产法律法规、安全管理规章制度和劳动纪律。

（2）必须掌握井下安全知识和有关灾害防治知识，熟悉井下避灾路线。

（3）上岗前必须经过专门培训并考试合格，取得本工种岗位操作资格证书。

（4）认真学习《作业规程》的有关内容，熟悉掌握锚杆支护施工工艺，具有一定的现场施工经验和自保、互保的意识和能力。

（5）掌握设备性能、结构原理、操作与维护方法及有关安全规定。

（6）锚杆机操作设三名司机，两名负责操作锚杆机钻机，另一名负责传递物料，司机之间要统一口令、相互配合、协调一致。

（7）操作锚杆钻机时，人员应站立在钻机摇臂端的外侧，注意安全。

158. 锚杆机司机操作前应进行哪些检查工作?

锚杆机司机操作前应进行以下检查工作：

（1）工具材料检查：

1）钎子、钻头完好，连接可靠。

2）锚杆、锚固剂的质量、规格符合《作业规程》规定。

3）其他工具材料满足施工要求。

（2）作业环境安全检查。由外向里、先顶后帮，认真检查工作范围的顶帮、支护状况及其他安全情况，找净活矸危岩。操作人员应穿戴整齐，扎紧袖口，其他施工人员处于安全位置。

（3）设备检查：

1）接装进气、进水接头时，都应冲洗出管内砂石异物，包括压缩空气管路内的聚留水。

2）接装进气、进水接头前，所有操作阀必须都处于关闭位置。

3）按顶板高度选用合适的钻杆，钻杆过长会使顶板孔钻不垂直，过短会增加套钎钻杆数量，降低作业效率。

4）钻孔前，先空运转，检查马达旋转、气腿升降、水路启闭，全部正常，才能正式投入作业。

159. 锚杆机司机如何操作锚杆?

锚杆机司机安装锚杆应进行以下步骤：

（1）钻孔作业：

1）开眼定位时，钻杆转速不可过快，气腿推力要调小一些。当钻进孔眼 30 mm 左右时，方可逐步加快转速，加大推力，进入正常钻孔作业。

2）钻孔到位后，关闭气腿进气，调小出水量，减慢钻杆转速，使钻机靠自重平稳地带出钻杆回落。

3）套钎钻孔时，长钻杆的钻头直径宜稍小于短钻杆所用的钻头直径。

（2）搅拌和安装锚杆作业：

1）单独将锚杆插入锚杆孔应能转动自如，无卡紧现象，不允许使用弯曲不直的锚杆。

2）人工用锚杆将药卷向锚杆孔内推入，并顶到位，装上搅拌套筒。

3）钻机搅拌锚杆时，钻机的转速先以中速为宜。气腿推进时间应与锚固工艺规定的搅拌时间基本符合，使锚固剂在孔壁与锚杆之间处于最佳充盈状态，锚固效果好。

4）搅拌时要注意，切勿将气腿一下子顶到位，然后开足马力旋转搅拌，以防将锚固剂挤出锚固区域，影响锚固效果。

（3）安装以后：

1）先关水，并用水冲洗钻机外表，然后空载运转一下，达到去水防锈的目的。

2）检查钻机有否损伤，螺栓有否松动，并及时处理好。

3）将钻机竖直方式置于安全场所。

160. 使用锚杆钻机有哪些安全事项?

使用锚杆钻机有注意以下安全事项：

（1）使用钻机前，必须检查气腿完好，禁止气腿带伤使用，如有损坏必须及时更换。

（2）钻孔前，必须确保在顶板与煤帮稳定的情况下，方可进行作业。

（3）禁止钻机平直置于地面，以防一旦通气并误操作，气腿突然伸出，会造成伤害事故。

（4）钻孔时，不准用手去试握钻杆。

（5）钻孔时，不要一味加大气腿推力，以免降低钻孔速度，造成卡钻、断钎、崩裂刀刃等事故。

（6）钻机回落时，手不要扶在气腿上，以防伤手。

（7）钻机加载和卸载时，会出现反扭矩，操作人员要合理把持摇臂，取得平衡。

161. 掘进工作面前探梁支护有哪些规定？

掘进工作面严禁空顶作业。为了在工作面进行攉煤和支护时能得到有效的保护，避免发生顶板冒落砸人事故，必须架设前探梁。掘进工作面前探梁支护应遵守下列规定。

1. 梯形棚前探梁

（1）梯形木棚、工字钢棚所用的前探梁应采用钢管、工字钢、轻型钢轨、槽钢等金属材料，固定前探梁可用卡箍或吊棚器，前探梁及固定装置的规格或强度应符合《作业规程》的规定。

（2）前探梁的长度不得小于 3.5 m。

（3）爆破后，前探梁前伸，其长度不得大于棚距的 80%，然后紧固吊梁器或卡箍。

（4）在前探梁上应用横放方木接顶并用木板、木楔固紧，接顶方木必须略高于后方的棚梁。

2. 拱形棚前探梁

（1）接梁的规格、型号必须一致，紧固的楔销应配套通用。

（2）爆破后，应尽快拆除最后一节铰接梁和卡具，并及时与最前端的铰接梁用水平调角楔悬臂铰接。

（3）在最前端把棚梁放于悬臂铰接梁上，找正方向和高度后，再用卡具将棚梁与铰接梁固定。

（4）插背顶板。

3. 锚喷巷道前探梁

（1）巷宽小于 3 m 时，可在巷道顶使用 2 根前探梁；巷宽大于 3 m 时，应再增加 1 根前探梁。

（2）卡环间距和前探梁的间距，应按《作业规程》规定的锚杆间、排距确定，卡环的方向必须有可调性。

（3）爆破后松开卡环，应及时将前探梁伸移到迎头，并用木板、木楔背顶。

（4）按设计位置打最前排锚杆安装卡环，同时卸下最后排的卡环，将前探梁穿入新安装的卡环内，背好顶后，再进行锚杆支护施工。

162. 掘进工作面支架的一般规定有哪些？

掘进工作面支架一般规定有以下内容：

（1）支架工作前必须由外向里逐架进行检查，发现有歪扭失效、开裂破损的支架必须进行处理。

（2）检查巷道通风情况，风量充足，瓦斯等有害气体不超限。

（3）支架的结构、形式、材质、规格等必须符合设计和《作业规程》的规定，锈蚀严重及变形的金属支架不得使用。

（4）木支架棚梁、棚腿的亲合口符合要求，柱头开口深度为柱径的 1/4，梁口深度为梁径的 1/4，如图 5—4 所示。

（5）平巷支架应垂直顶底板，倾斜巷道支架应顺山势，当巷

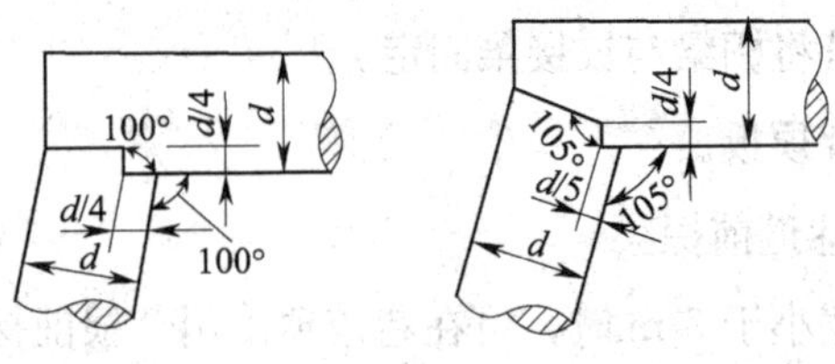

图 5—4　木支架棚梁、棚腿的亲合口

道倾角小于 40°时，每倾斜 6°～8°，应具有 1°的迎山角。

（6）棚腿要立在柱窝内。柱窝深度为：煤层中一般为 200 mm；软岩中一般为 100 mm；在硬岩中一般为 50 mm；靠水沟一侧的柱窝深度一般比水沟底深 50 mm。

（7）底板松软时，点柱或棚腿应穿“鞋”，“鞋”的规格符合《作业规程》规定。

（8）架设支架要坚持敲帮问顶，站在安全地点将活煤、活矸“找掉”。

（9）架设支架前必须找好中、腰线，支架的间距、扎角、亲口形式等必须符合《作业规程》的规定。点柱或棚腿两头粗细不一致时，必须大头朝上。

（10）点柱必须有柱帽，架棚必须将顶帮背牢。

（11）崩倒支架或点柱，要由外向里逐架重新架设好，才准继续工作。

163. 架设 U 形钢可塑性支架步骤是什么？

架设 U 形钢拱形可塑性支架如图 5—5 所示，步骤如下：

（1）U 形钢拱形可塑性支架规格、质量要符合《作业规程》规定，零部件要齐全配套。

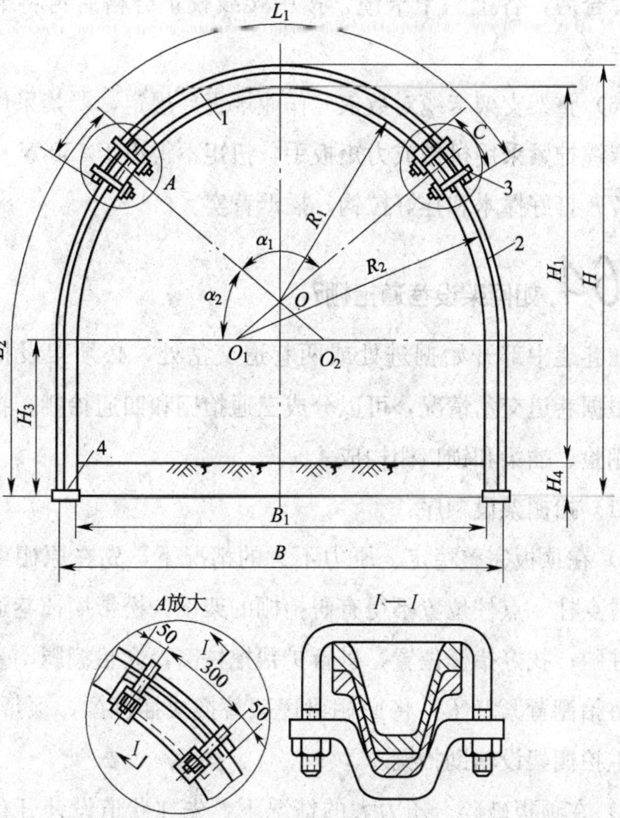

图 5—5　U 形钢拱形可塑性支架

1—棚梁　2—柱腿　3—卡缆　4—底座

（2）中腰线要符合巷道设计。

（3）从永久支架上设置前探梁支护顶板。

（4）在前探梁上挂好棚梁，并背好顶板。多节梁搭接处用卡缆卡紧。

（5）按设计位置挖柱窝立腿，设专人扶好，棚梁两端与柱腿上端套合后，各上一个卡缆，按中腰线校正合格后再将卡缆上齐、拧紧。

(6) 整架支架卡缆对数依《作业规程》规定，严禁采用单卡缆。卡缆拧紧采用机械或力矩扳手，扭矩不得小于150 N·m。

(7) 打好撑木和挂好拉钩，插严背实。

164. 如何架设巷道抬棚?

在巷道中部开始掘进处或两巷道交岔处，必须架设抬棚支护。根据巷道交岔情况，可以分成三通抬棚和四通抬棚。抬棚应由抬棚脸、插梁和锁口棚构成。

(1) 抬棚架设顺序：

1) 在顶板完整稳定、压力不大的情况下，先在原棚梁下打好临时点柱，点柱位置不得有碍抬棚的架设，松帮摘掉巷道开口处的柱腿；找好抬棚位置，进行扩帮挖柱窝，立抬棚腿，上抬棚梁并将抬棚背紧背牢；将原棚梁逐架替换成插棚梁，顶帮背实；紧靠主抬棚架设辅助抬棚。

2) 在顶板破碎、压力大的情况下，先在巷道设计开口的一段内，逐架依次将原棚梁替换成长梁作为插梁；在开口处架设抬棚抬住替换好的插梁；摘掉开口处的柱腿，同时加强维护顶帮(严防出现片帮冒顶)；架好辅助抬棚。

(2) 主抬棚脸应向抬棚内侧方向适当倾斜。

(3) 扩帮时，应首先敲帮问顶，根据顶板情况和专项技术措施，采用放震动炮或用手镐进行扩帮。

(4) 上抬棚扣梁时，必须备足人员，相互呼应，有专人统一指挥。如巷道坡度大，抬棚扣梁又较重，则应搭临时工作台上梁，工作台必须牢固可靠。有条件的应使用上梁机工作。

（5）倾斜巷道抬棚柱腿，应根据巷道坡度相应地加高下帮柱腿。靠水沟一侧的抬棚腿应蹬在水沟基础实底上，不得蹬空。

（6）抬棚材质及规格必须符合《作业规程》的规定。

（7）插梁要成双数，不得少于四根，间距均匀。

（8）插梁与抬棚梁搭接处，要用可靠的卡紧固定装置固定牢靠，防止滑脱。搭接长度符合《作业规程》规定。

（9）底板松软处，抬棚腿下要穿"鞋"，其规格要符合《作业规程》的要求。

（10）抬棚必须有锁口棚子。第一架锁口棚子必须紧靠抬棚架设，锁口棚腿下部紧贴抬棚腿，其柱窝深度不得超过抬棚腿窝的深度。第二架锁口棚子一帮腿靠腿，另一帮开始迈腿，并要求锁口棚和插梁间要插严背实。

（11）抬棚应按巷道中线方向架设，并在满足使用要求的条件下，确定其抬棚规格尺寸。

165. 掘进工作面如何进行砌碹支护？

砌碹支护指的是用料石、混凝土块和砖等材料砌筑而成的连续整体式拱形支架。它由基础、墙和拱三部分组成，如图 5—6 所示。

1. 砌筑基础

（1）依据中、腰线及设计要求清底后做基础，基础要做结实，深度、宽度符合设计要求。

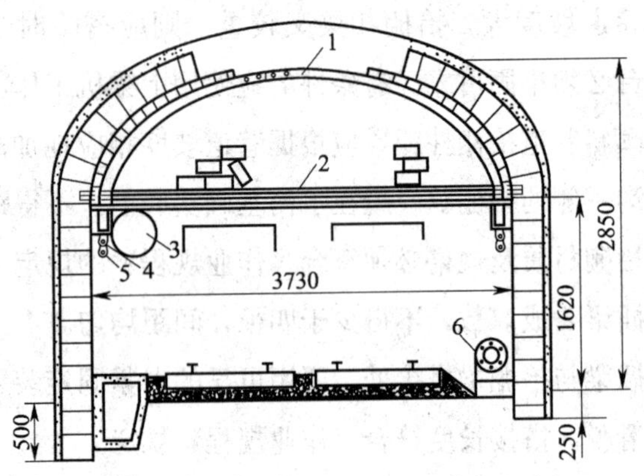

图 5—6　掘进工作面砌碹支护

1—碹胎　2—工作台　3—局部通风机风筒

4—供水软管　5—压缩空气软管

(2) 拌料要在铁板上进行，砂浆比及水灰比要符合《作业规程》规定，拌好的料要当班用完。

(3) 做基础时，应先将基础沟槽内的积水排净。

(4) 在沟槽底上铺好 50 mm 厚的砂浆，然后再码料石，第一行料石必须是长茬（拱顶部分亦执行此条）。

2. 砌筑碹墙

(1) 砌墙时，必须挂好立卧线，灰缝要均匀饱满，防止干缝、瞎缝或宽缝（拱顶部分亦执行此条）。

(2) 料石必须放置平稳，不平时要加好石楔，严禁用矸石做，每砌一行用大锤压实。

(3) 茬口要错开，必须留好长、短茬，不准出现齐茬、重缝。压茬长度不小于料石长度的四分之一（拱顶部分亦执行此规定）。

（4）随砌随将墙后空隙充填密实。

3. 立稳碹胎和模板

（1）按中、腰线立稳碹胎和模板。

（2）碹胎顶端高度应比设计高 30～50 mm。碹胎柱一定要立牢，不得下沉。

（3）碹胎立好后，用拉钩拉紧、稳固。

（4）稳好后再次核对中、腰线，顶帮打撑柱固定。

4. 砌碹拱

（1）砌碹拱时应随高度搭设工作台。搭设工作台要使用专用梯子，两端至少要探出 200 mm，并将探头用铁丝与横梁绑扎牢固。

（2）工作台脚手板的厚度不得小于 50 mm，不许使用腐朽或破裂的木板。工作台脚手板必须铺平铺严。禁止在工作台上砸石楔。不得在工作台上存放过多的料石。

（3）过车辆的工作台下沿必须高出车沿 300 mm 以上。人或矿车通过工作台时，应事先打好招呼，台上暂停作业。在砌拱过程中应有专人监护，并随时检查工作台的稳固性，以防工作台倒塌。

（4）砌拱模板的厚度不得小于 50 mm，全套模板的厚度必须一致。模板必须随砌随放。

（5）砌拱时要注意料石大头向上，不准用反。料石必须贴着模板放置平稳，不平稳的要加好石楔。砌碹时要随砌随用矸石充填，充填必须严实，不得使用木料、料石和碎煤。

（6）砌拱时，两边的高度要一致。封顶时要用规格适宜的封顶板，加好合适的石楔。最后的砌块必须位于正中，并由里往外进行，应在四周和顶部充满砂浆，用力推进去后固定，同时水灰比适当减小。

（7）砌双行料石碹时，前后行要求一致，严禁后行料石乱码并干码干放。

（8）砌碹时，必须使用锤子和瓦刀，砸石楔时不准对人。

5. 回撤碹胎和模板

（1）回撤前，应观察灰缝已硬化，碹拱、碹墙均已稳定后，才能进行回撤碹胎和模板。

（2）回撤时，要由班组长或有经验的工人统一指挥，与回撤无关的人员禁止在附近停留。

（3）禁止使用机械回撤。不准使用大锤敲打，应由碹头往外回，先击掉拉板上的小垫，并观察碹有无松动，如有松动时，应立即停止。

（4）回撤人员要站在安全地点，退路必须畅通。

（5）砌碹表面如果出现灰缝不饱满，应用砂浆勾缝抹面。

（6）回撤的碹胎和模板应洗刷、整理，以便复用。

166. 下山掘进时应注意哪些安全事项？

下山掘进矿车运输时，有可能因为牵引装置的滑落或断绳引起跑车事故；同时巷道内各处的涌水很自然地积存到工作面，因此必须做好防跑车和排水工作。

1. 防跑车

（1）除必须在提升绞车摘挂钩处、车场变坡点等处设置断绳保险和挡车器外，在掘进工作面附近一定要有可靠的挡车器，防止跑车冲击工作面，保证工作面人员的安全。

(2) 斜井（巷）施工期间兼作行人道时，必须每隔 40 m 设置躲避硐并设红灯。设有躲避硐的一侧必须有畅通的人行道。上下人员必须走人行道。行车时红灯亮，行人立即进入躲避硐，红灯熄灭后，方可行走。

(3) 在提升钢丝绳的尾部钩头以上连接一根环形的钢丝绳（安全保险绳）。提升时把安全保险绳套在矿车上，以免脱钩跑车。

2. 排水

(1) 首先杜绝从与下山联络巷道向下山的渗水、流水；消除下山巷道管路漏水。

(2) 对巷道顶、底板、工作面的涌水应采用搭设防水棚、临时水沟或永久水沟等将水排出。

(3) 工作面涌水量较小，可用矿车或箕斗随矸石把水排出。

(4) 工作面涌水量较大，可在工作面以上安装水泵，铺设管路排水。如下山长度较长，工作面水泵直接排不出下山时，可在下山中间掘进泵房实行接力排水。

167. 上山掘进时应注意哪些事项？

上山掘进即由下向上掘进。由于巷道具有向上倾斜的特点，所以应注意以下事项：

(1) 由下向上掘进 25°以下的倾斜巷道时，煤矸提升运输可在巷道一帮安装输送机，另一帮铺设轨道用绞车提升。双斜巷掘进时，可在一条巷道铺轨，另一条巷道铺运输机。

(2) 由下向上掘进25°以上的倾斜巷道时，必须将溜煤（矸）道与人行道分开，防止煤（矸）滑落伤人。人行道应设扶手、梯子和信号装罩。斜巷与上部巷道贯通时，必须有安全措施。

(3) 装煤（矸）工作可采用人工装车或溜车和机械装载方式。目前应用广泛的是耙斗装岩机，它可用在30°以内的倾斜巷道。不管采用哪种装载机械都必须设置安全可靠的防滑装置。

(4) 突出煤层上山掘进，工作面采用爆破作业时，应采用深度不大于1.0 m的炮眼远距离全断面一次爆破。

(5) 急倾斜突出煤层中采用双上山掘进时，两个上山之间应开联络巷，联络巷间距不得大于10 m，上山与联络巷只准一个工作面作业。

(6) 急倾斜突出煤层上山掘进工作面中，应采用阻燃抗静电硬质风筒通风。

(7) 倾斜巷道施工时，每掘进40 m，应设躲避硐室。

(8) 为了防止崩倒支架，多采用底部掏槽，并要掌握好炮眼的深度和角度（上方掏槽眼应沿轴线方向稍向下倾斜）；为防止巷道“上漂”造成拉底，底眼应插入底板50～100 mm，岩石较硬时，可插入底板200 mm左右。

168. 刮板输送机操作时应注意的事项是什么？

刮板输送机操作时应注意以下事项：

1. 刮板输送机运转前的准备

(1) 检查闭锁刮板输送机的信号装置是否灵敏可靠，否则禁止开车。刮板输送机应沿机设有能发出“停止、开动”信号的装置，信号点的设置距离不得超过 12 m。

（2）检查刮板输送机的传动装置、电动机、减速器、液压联轴器、机头、机尾各部的螺栓是否齐全、完整坚固。减速器、液压联轴器是否有漏油、渗油现象，油量是否适当。牵引链及链轨有无损坏，齿轨有无脱落、断裂。发现问题，排除故障后，方可发出信号开机。

（3）空载情况下启动刮板输送机，仔细监听各部件的运转声音是否正常，认真察看刮板链及连接环的磨损和使用情况。是否有扭绕、跳链、拧麻花、刮板过度变形、连接螺栓脱落、刮板丢缺等现象，如发现上述现象要进行处理，否则严禁工作。

（4）检查刮板输送机机头和转载机尾的搭接情况，搭接高度不得小于 450 mm，不得拉循环煤。

（5）检查刮板输送机铲煤板、挡煤板、拨链器、刮板等有无损坏与松动。

（6）检查刮板输送机机头处防尘设施是否完善，否则要及时处理。

2. 刮板输送机运转

（1）在完成上述重载运转以前的所有工作后，控制台电工在得到转载机、刮板输送机司机的通知后，发出启动预警信号。

（2）刮板输送机运转以后，司机要注意观察其运行状态，监听运行声音是否正常。严禁用刮板输送机运输超重、超宽、超长、超高的设备或物料。用刮板输送机运输一般物料，沿途要设专人看闭锁。

(3) 运转一段时间后，检查各部轴承的温度是否正常（温度不得超过 75℃），检查电动机温度是否超过厂家铭牌的规定（温度不得超过 110℃），检查液力偶合器温度（温度不得超过 110℃）。

(4) 刮板输送机要派专人看守，严禁大块矸石通过，防止埋压胶带输送机，发现问题及时处理。

(5) 刮板输送机司机在工作过程中，要与其他工种协同合作，遇有打闭锁临时停机时，要迅速查明原因，排除故障，然后开机。

(6) 刮板输送机司机要注意机头、机尾行人，发现有异常情况迅速停机。

(7) 及时清理机头、机尾、减速箱，不得压埋。

(8) 刮板输送机停机前，必须先使输送机空载，然后发出信号停机。

169. 带式输送机操作时应注意的事项是什么？

带式输送机操作时应注意以下事项：

(1) 带式输送机运转前的准备。检查动力传动系统，各种保护装置，连接件的紧固情况，信号闭锁系统的完好情况。

1) 所有保护装置，如跑偏、低速、煤位、信号闭锁系统，制动及制动闭锁系统均应正确使用，且灵敏可靠。

2) 检查使用具有灵敏可靠的超温洒水、烟雾报警系统的情况。

3) 检查动力传动系统的油质、油位的情况。

4）检查清扫器的磨损情况。

5）检查胶带的张紧程度和胶带接头的情况。

6）检查胶带有无跑偏和中间架的情况。

7）检查底胶带摩擦异物的情况。

（2）带式输送机运转：

1）发出启动报警信号方可开机运转。

2）禁止甩掉任何一种保护强行开机运转。

3）胶带输送机启动后，注意观察胶带输送机的运转状况，检查各部轴承的温度是否正常（温度不得超过 75℃），检查电动机温度是否超过厂家铭牌的规定（温度不得超过 110℃），检查液力偶合器温度（温度不得超过 110℃）。若有异常及时停机检查处理，杜绝拼设备现象。

4）胶带输送机运转过程中要循回检查各部运转效果，集中精力听清开停机的信号，杜绝误操作。

（3）带式输送机停止运转：

1）停车时使胶带处在最小的负荷状态下，避免胶带输送机重载启动。

2）停车后重新检查各种保护及各部位的状况，处理异常现象。

3）离岗时要切断电源。

170. 掘进巷道如何铺设临时轨道？

掘进巷道铺设临时轨道的步骤如下：

（1）铺轨前的准备

1）根据设计先挂好中、腰线，清出工作面内的浮煤（矸）。

2）根据要铺设的长度准备好标准的道轨、道岔及其扣件，必须齐全，安装专用工具必须带齐。

（2）轨道铺设步骤

1）按设计要求挖出道床，铺好道板。

2）轨道应按工作面接轨长度截好，搬运时应喊清口号，相互协调好，抬运时一端先起；放下时，要先放一端，轻轻放在轨枕上。校核轨距后钉入道钉或上好扣件，固定好轨道。

（3）接头及轨距要符合以下要求：

1）轨距误差：不大于 10 mm，不小于 5 mm，轨枕间距不应大于 1 m。

2）轨道接头间隙：直线部分不应超过 10 mm，内错差不大于 5 mm，高低差不大于 5 mm。

（4）在曲线段内按要求应设置轨距拉杆并保证拉杆坚固牢靠。

（5）同一巷道应使用同一型号钢轨，道岔的钢轨型号不应低于线路的钢轨型号。

（6）轨道铺好后应远距离目测轨道是否平行，直线段是否有弯曲，否则应进行调整。轨道铺好后不得出现悬空，无杂物绊道。

（7）轨道铺设时，轨道的中心线、方向、坡度必须符合设计要求，施工前必须熟悉巷道断面设计布置图，巷道中要标好中、腰线。

171. 掘进工作面规格质量有哪些规定要求?

掘进工作面规格质量规定要求如下：

(1) 支护材料的规格、质量、数量、位置、顺序等符合要求。

(2) 掘进毛断面质量：光爆眼痕率、超挖和欠挖尺寸、迎头断面平整度、循环进尺、最大控顶距等符合要求。

(3) 临时支护质量：前探梁的数量、规格、位置、吊环状况、背帮接顶质量及迎头空顶距符合要求。

(4) 巷道支护质量：净宽、净高及中、腰线，架棚巷道的前后仰、迎上角，撑木和垫板的位置与数量，背帮接顶的质量，柱窝深度，棚距、扭矩、支架梁水平、棚梁接口等符合要求。

(5) 锚喷质量：锚杆（索）间排距、角度、位置、外露长度、预紧力、拉拔力，托盘压网质量、金属网铺设搭接、混凝土厚度、表面平整度、基础深度等符合要求。

(6) 炮眼角度、深度、位置等符合爆破图表要求。

(7) 水沟、轨道质量符合要求。

(8) 风水管路、电缆吊挂、卫生清理、材料码放等符合要求。

(9) 其他验收项目符合要求。

172. 检查验收掘进工作面规格质量有哪些注意事项?

检查验收掘进工作面规格质量有下列注意事项：

(1) 按照由外向里、先顶后帮的原则，认真检查工作范围内的支护状况，严格执行敲帮问顶制度，用长柄工具找顶帮及迎头的活矸、危岩。

（2）巷道通风状况良好，各种安全设施齐全，设备灵敏、可靠。

（3）备齐各种计量器及其他工具材料，对计量器具进行校核，保证计量准确和满足使用要求。

（4）对施工地点的中、腰线标志点进行核对、延线。使用激光指向仪的施工地点，要对激光指向仪的工作状态进行检查，发现问题及时处理。

（5）测量巷道几何尺寸时，必须垂直巷道中、腰线。

（6）使用坡度规量测坡度或角度时，必须将坡度规正、反方向量测两次取平均数值。

（7）测量架棚巷道的三角线时，其测量基准点必须在巷道中心线位置上。

（8）现场测试锚杆（或锚索）的拉拔力时，必须有专人扶住与锚杆（或锚索）连接的胀拉装置，胀拉时人员应躲至安全地点；胀拉后，先卸压，人员再靠近，撤除与锚杆连接的胀拉装置，并将锚杆重新紧固。

173. 如何延接输送机？

随着掘进工作面不断地向前推进，工作面运煤（矸）用的输送机也需要不断地延接，以保证工作面连续不断地进尺。

1. 延接带式输送机

（1）延接前，带式输送机机尾前方必须清理干净。

（2）延接时，带式输送机机尾前方应设 8 t 慢速绞车（掘进机）。延接工作操作人员必须与输送机司机联系好，输送机司机控制张紧车，绞车司机或掘进机司机拉胶带，其他人员应站在三角区及绳道以外。

（3）延接胶带前，将胶带上的煤（矸）出净，停止胶带运转。

（4）延伸胶带时，先用四分以上钢丝绳或大链把输送机尾拴牢，然后往前拉胶带。

（5）延完胶带，安装 H 架、纵梁、三连辊、直串辊、戗柱、带式输送机机尾，保证运转正常。

（6）调试输送机。

2. 延接刮板输送机

（1）先把延接刮板输送机预设的机尾位置清理出来。

（2）延接刮板输送机前，先把机身上的煤（矸）出清。

（3）使用掐链器把大链固定好后，把大链掐开，然后用掘进机或人力把机尾运到指定位置。

（4）溜槽、大链准备到指定位置。

（5）把溜槽送入指定位置，注意把底链入到溜槽底槽里。

（6）加长槽链，把槽链接好，机头、机尾打好专用压柱或锚杆。

（7）紧溜子时，信号联系好后，人员躲开机头和机尾 3 m 以外。

（8）连接前，首先将开关打至零位锁住，专人看守。

（9）调试输送机，保证运转正常。

174. 掘进工作面延接风筒应注意哪些事项?

随着掘进工作面不断地向前推进，为掘进工作面供风的局部通风机也需要不断地延接风筒，以保证风筒出风口始终处于离迎头有效射程内。延接风筒应注意以下事项：

（1）风筒吊挂要平、直、紧、稳，必须逢环必挂。铁风筒每节吊挂 2 点，每节风筒末端两侧的挂钩应用铁丝系在巷道帮壁上。

（2）要求风筒之间接口严密。胶质风筒可用双反边接头或三环接头，要顺接。

（3）使用胶质风筒时，局部通风机和胶质风筒之间要有一节铁风筒过渡。局部通风机和铁风筒的接头处要加垫圈上紧螺钉；铁风筒与胶质风筒套接处要用铁丝箍紧。

（4）一趟风筒的直径要一致。如果直径不一致，要有过渡节，先大后小，不准乱接。

（5）风筒末端距工作面的距离，按《作业规程》的规定执行，但必须保证工作面有足够的风量，一般以 10～15 m 为宜。

（6）经常检查井下风筒，如有破口要随时修补，损坏严重时还要重新更换，做到不漏风。

（7）风筒在拐弯处必须用硬质弧形弯头连接，不准拐死弯。分岔处要设三通。

（8）在输送机附近延接和更换风筒时，必须先和输送机司机联系好，必要时应停止输送机运转，确保操作安全。

（9）更换风筒时，不得随意停局部通风机。必须停机时，应与掘进工作面的班组长和司机联系，待停止工作、撤出人员后方可更换。当巷道内瓦斯涌出量大时，必须制定专门更换风筒的措施。

（10）巷道掘进完工后，应及时把风筒全部拆除。拆除风筒时，应由里往外依次拆除。拆除独头巷道风筒时，不准停局部通风机。

（11）采用抽出式通风方式时，风筒可用硬质风筒和带钢丝骨架的橡胶或塑料可伸缩风筒。塑料或橡胶风筒必须具有抗静电和阻燃的安全性能。

（12）用快速接头软带连接风筒时，两节风筒的端头要对正、接拢，披风布搭好后，再用快速接头软带将两端圈卡紧。接头软带收紧力要适当，以减小漏风、不拉脱为宜，接头软带的手把位置以在风筒侧面向下为好。在风筒入风口加接风筒时，应先将加接的风筒吊挂于钢绞线上，再对正接头接好，避免风筒弯曲、折叠堵塞风道。

（13）采用抽出式或混合式通风方式时，风筒出口或入口到工作面的距离、压入式风筒和抽出式风筒间重叠段长度，应符合《作业规程》及有关规定的规定。

（14）风筒过风门时，要加接硬质过渡风筒通过风门，不得用软质风筒直接通过风门。

175. 为什么掘进机司机是特种作业人员?

特种作业指的是容易发生事故，对操作者本人、他人的安全健康及设备、设施的安全可能造成重大危害的作业。特种作业的范围由特种作业目录规定。

特种作业人员指的是直接从事特种作业的从业人员。

根据自 2010 年 7 月 1 日起施行的《特种作业人员安全技术培训考核管理规定》（国家安全生产监督管理总局第 30 号令）掘进机操作作业属特种作业的范围，掘进机司机属特种作业人员。

176. 掘进机司机应当符合哪些条件?

掘进机司机应当符合下列条件：

（1）年满 18 周岁，且不超过国家法定退休年龄。

（2）经社区或者县级以上医疗机构体检健康合格，并无妨碍从事相应特种作业的器质性心脏病、癫痫病、美尼尔氏症、眩晕症、癔病、震颤麻痹症、精神病、痴呆症以及其他疾病和生理缺陷。

（3）具有初中及以上文化程度。

（4）具备必要的安全技术知识与技能。

（5）相应特种作业规定的其他条件。

177. 掘进机司机资格如何确定?

掘进机司机必须熟悉掘进机的构造、性能和动作原理，能熟练、准确地操作使用机器，并懂得机器的一般性维护保养和故障处理知识，掌握掘进基本知识和煤矿掘进作业规程。必须经专门的安全技术培训并考核合格，取得《特种作业操作证》后，方可上岗操作掘进机。

（1）掘进机司机应当接受与其所从事的特种作业相应的安全技术理论培训和实际操作培训，培训时间不少于 72 学时。

（2）已经取得职业高中、技工学校及中专以上学历的毕业生从事与其所学专业相应的掘进机司机，持学历证明经考核发证机构同意，可以免予相关专业的培训。

（3）特种作业操作证有效期为 6 年，在全国范围内有效。

（4）特种作业操作证由安全生产监督管理总局统一式样、标准及编号。

（5）特种作业操作证每 3 年复审 1 次。掘进机司机在特种作业操作证有效期内，连续从事本工种 10 年以上，严格遵守有关安全生产法律法规的，经原考核发证机关或者从业所在地考核发证机关同意，特种作业操作证的复审时间可以延长至每 6 年 1 次。

（6）特种作业操作证申请复审或者延期复审前，掘进机司机特种作业人员应当参加必要的安全培训并考试合格。安全培训时间不少于 8 个学时，主要培训法律、法规、标准、事故案例和有关新工艺、新技术、新装备等知识。

（7）掘进机司机有下列情形之一的，复审或者延期复审不予通过：

1）健康体检不合格的。

2）违章操作造成严重后果或者有 2 次以上违章行为，并经查证确实的。

3）有安全生产违法行为，并给予行政处罚的。

4）拒绝、阻碍安全生产监管监察部门监督检查的。

5）未按规定参加安全培训，或者考试不合格的。

6）其他有关本规定情形的。

（8）掘进机司机伪造、涂改特种作业操作证或者使用伪造的特种作业操作证的，给予警告，并处 1 000 元以上 5 000 元以下的罚款。掘进机司机转借、转让、冒用特种作业操作证的，给予警告，并处 2 000 元以上 10 000 元以下的罚款。

178. 掘进机司机岗位责任制包括哪些内容?

掘进机司机岗位责任制包括以下内容：

（1）认真学习煤矿安全法律法规和三大规程等。

（2）在班组长的直接指挥下，做好掘进工作面煤体截割工作，对本职工作的安全生产负直接责任。

(3) 按时参加班前会，认真做好班前、班中、班末安全确认，确保生产过程中不发生安全事故。

(4) 工作中杜绝“三违”，遵守各项安全制度。

(5) 开工前认真检查作业环境安全情况和掘进机完好情况，保证作业环境无安全隐患，掘进机保护系统安全、灵敏，部件齐全、可靠。

(6) 掘进机运转时，要确认机器前方和两侧无人员和障碍物，并随时观察、监听机器各部位的运转情况。

(7) 截割过程中出现异常情况，要立即停机处理，碰坏支架要及时进行维修。

(8) 司机不得擅自处理掘进机电气系统故障（司机兼电钳工的除外）。

(9) 坚持安全第一、质量第一，做到文明生产，努力提高操作技能，确保安全、优质、高效完成进尺任务。

(10) 严格执行现场交接班制度，填写交接班日志，对机器运转情况和存在的问题要向接班司机讲清楚。

179. 掘进机结构主要包括哪几部分?

掘进机结构如图 6—1 所示。

(1) 截割机构。截割机构主要由截割头、悬臂段、截割减速器、截割电动机组成。截割机构工作时，截割电动机通过截割减速器驱动截割头旋转，利用装在截割头上的截齿破碎煤岩。截割头纵向推进力由行走机构（或伸缩液压缸）提供。截割机构铰接

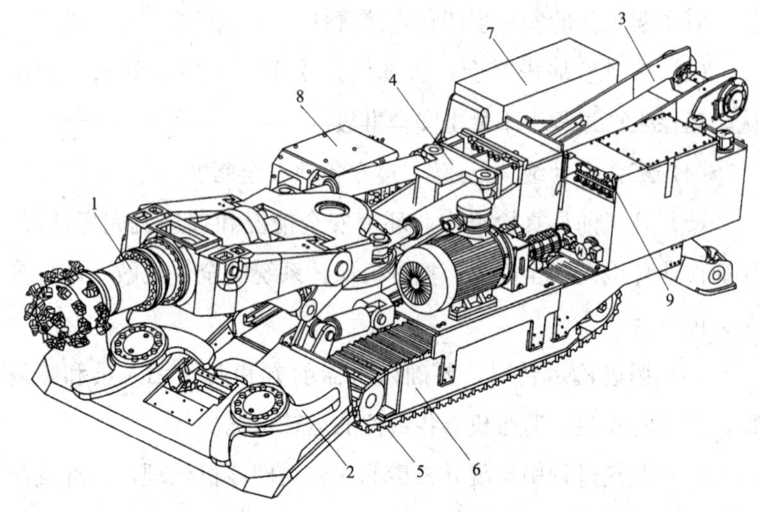

图 6—1 悬臂式掘进机主要结构

1—截割机构 2—装载机构 3—运输机构 4—机架和回转台 5—行走机构 6—液压系统 7—电气系统 8—喷雾除尘系统 9—操作台

于回转台上，并借助于安装在截割部和回转台之间的升降液压缸和安装在回转台和机架之间的两个回转液压缸，实现整个截割机的升降和回转运动。

（2）装载机构。装载机构位于机器前端的下方，其主要作用是将被截割机构截割和破碎的煤岩集中装载到运输机构。

（3）运输机构。运输机构（刮板输送机）位于机器的中轴，前端与主机架或铲板铰接，后部托在机架上，其作用是将被截割机构截割和破碎的煤岩传送到转载机。

（4）机架和回转台。机架是整个机器的骨架，承受着截割、行走和装载的各种载荷。回转台的主要作用是实现截割机构的升降和回转运动。

(5) 行走机构。行走机构的主要作用是实现机器的调动和牵引转载机，并在不可伸缩式悬臂机型中提供钻进所需要的推进力，同时机器的质量和掘进中产生的截割反力也通过行走机构传送到底板。

(6) 液压系统。液压系统以高压油为动力，通过液压马达或液压缸驱动机器各部位。

(7) 电气系统。电气系统是掘进机的动力源，用以驱动、控制各电动机的运行，并可控制跟机遥控电磁阀动作。同时提供失压、过载、断相、短路、漏电等保护，以及照明和发送工作预警音响信号。

(8) 喷雾除尘系统。喷雾除尘系统利用压力泵进行内、外喷雾，以清除瓦斯、煤尘，使工作环境卫生安全，同时用于冷却截齿、液压系统和电动机。

180. 掘进机按结构划分为哪几类?

掘进机有多种分类方法，按结构划分为以下几类：

(1) 按照截割煤岩的方式划分。按照截割煤岩的方式划分，可分为横轴式和纵轴式，如图 6—2 所示。

1) 横轴式。横轴式掘进机的截割头轴线和悬臂轴线相垂直。

2) 纵轴式。纵轴式掘进机的截割头轴线和悬臂轴线重合，截割头多为锥形和球柱形。

(2) 按照悬臂伸缩划分。按照悬臂伸缩划分，分为不可伸缩式和可伸缩式。

1) 不可伸缩式。悬臂不可伸缩，掏槽时借助行走机构的推

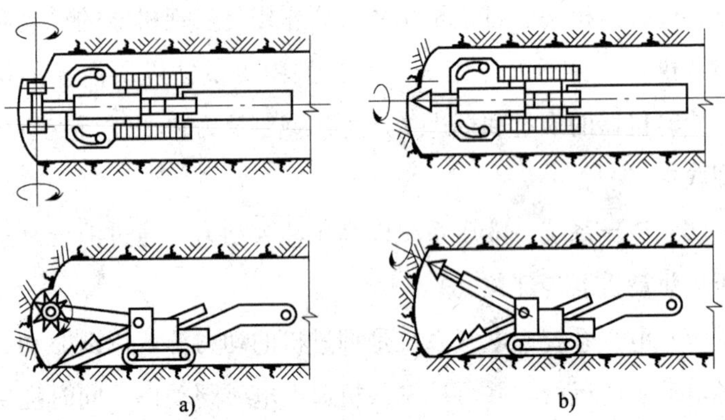

图 6—2　掘进机的截割头

a）横轴式截割头　b）纵轴式截割头

力使截割头钻入煤壁。

2）可伸缩式。可伸缩截割机构借助悬臂的伸缩使截割头钻入煤壁，无须开动行走机构。

（3）按照收集装置结构划分：

1）刮板式装载机构。

2）耙爪式装载机构。

3）星轮式装载机构。

（4）按照刮板链条形式划分：

1）边双链。

2）中单链。

（5）按照机器行走方式划分：

1）履带式。

2）迈步式。

3）组合式。

181. AM—50 型掘进机有哪些主要参数?

AM—50 型掘进机是一种悬臂、横轴式巷道掘进机。它的特点是截割断面大、截割强度大、机体外形尺寸小、结构简单、拆装方便、维护容易。

其主要参数如下:

适应巷道断面:7.5～20 m^2

最大掘进高度:4 m

最大掘进宽度:4.8 m

截割岩石硬度:0.60 MPa

巷道最小曲率半径:10 m

适用巷道坡度:±16°

总功率:163 kW

质量:24 t

182. ELMB 型和 EL—90 型掘进机有哪些主要参数?

	ELMB 型掘进机	EL—90 型掘进机
适应巷道断面:	6～12 m^2	8～22 m^2
最大掘进高度:	3.5 m	3.76 m
最大掘进宽度:	4.7 m	6.23 m
截割岩石硬度:	0.40 MPa	0.60 MPa
巷道最小曲率半径:	10 m	10 m
适用巷道坡度:	±2°	±16°
总功率:	100 kW	145.8 kW

质量：　　　　　　　　　21.5 t　　　　37.2 t

183. 什么是综合机械化掘进作业线?

综合机械化掘进作线指的是在一条掘进机掘进的巷道内，将测量定向、掘进、运煤、通风、除尘、材料运输、巷道支护、供电系统等设备配套，形成一条效率高、相互配合连接、均衡生产、完整的掘进系统，达到了掘进过程全部机械化，从而得到较高的掘进速度和较好的经济效益。

184. 使用掘进机掘进应遵守哪些规定?

《煤矿安全规程》中规定，使用掘进机掘进应遵守下列规定：

（1）掘进机必须装有只准以专用工具开、闭的电气控制回路开关，专用工具必须由专职司机保管，防止他人违章操作或误操作。司机离开操作台时，必须断开掘进机上的电源开关，以防触及控制开关造成事故。

（2）在掘进机非操作侧，必须装有能紧急停止运转的按钮，以便非操作侧的作业人员在紧急情况下能及时停止掘进机运转，避免事故的发生和扩大。

（3）掘进机必须装有前照明灯和尾灯，以利于掘进机司机操作时对前、后方情况的观察，同时，对其他作业人员起到警示作用，避免接近掘进机。

（4）开动掘进机前，必须发出警报。只有在铲板前方和截割臂附近无人时，方可开动掘进机，以防发生截割伤人事故。

（5）掘进机作业时，应使用内、外喷雾装置，内喷雾装置的水压不得小于 3 MPa，外喷雾装置的水压不得小于 1.5 MPa；如果内喷雾装置的水压小于 3 MPa 或无内喷雾装置，则必须使用外喷雾装置和除尘器，以保证在截割煤岩体时控制粉尘的发生。

(6) 掘进机停止工作和检修以及交班时，必须断开掘进机上的电源开关和磁力启动器的隔离开关，以避免作业人员触及控制按钮或误操作造成人员伤亡事故。

如果截割头仍悬在空中，支撑截割头的液压缸仍处在承载状态，一旦液压缸密封圈破损，截割头突然落下，有可能酿成人员伤害事故和机电事故，所以，同时必须将掘进机截割头落地。

(7) 检修掘进机时，一定要对机器各部件和各种功能进行测试和调整，有时还要进行试运转，若此时在截割臂和转载桥下方停留或作业，很容易发生事故，所以，严禁其他人员在截割臂和转载桥下方停留或作业。

◎真实案例

某年 8 月 10 日，某矿掘进工作面在掘进机检修工作时，1 名工人在铲板上检修耙爪，由于截割臂处于落地状态影响其检修工作，掘进机司机便将截割臂升了起来，但没有在下面支撑任何物体，检修期间由于截割头液压锁突然失灵，导致截割臂下落，砸死臂下检修的该名工人。

185. 掘进机下井运输应注意哪些事项?

掘进机下井前应进行拆卸、装车，在运输时应注意以下事项。

(1) 在拆卸掘进机前，应组织全体人员认真学习掘进机的说明书、装箱单等有关技术资料，了解掌握掘进机各机构的性能及其工作原理。

（2）掘进机下井前应根据巷道断面的大小、矿井提升运输能力，以及机器的具体结构、质量和尺寸进行拆卸，以便运输、起吊和安装。

（3）拆卸掘进机部件时，必须使用专用的工具进行，不得用大锤硬性敲打，同时，吊装有机加工面的部件和用钢丝绳捆绑装好的车辆时，必须加垫木板或橡皮之类的衬垫，钢丝绳不得与加工面直接接触。

（4）拆卸后的各种销子、挡板、螺栓、垫圈和小件物品等，应用箱子装好，以免丢失。

（5）掘进机在装车过程中，吊装作业要小心轻放，避免碰坏组件、管线等。装车必须捆绑牢固，严防运输途中组件的上蹿下滑，严禁组件超出车外。

（6）运输矿车要进行编号，根据安装的先后顺序确定矿车的次序，也就是先安装的部分，应先入井，后安装的部分，最后入井；同时还要考虑大机件的方向，在运输途中经过几个折返后，到工作面必须符合安装的要求。

（7）在掘进机部件装车运输过程中，要稳步前进，严禁超速行驶，车上严禁搭乘人员。采用机车运输时，机车必须在列车前端；与前方列车必须保持至少 100 m 的距离。斜巷采用绞车牵引时，牵引车数超过规定、连接不良或装车部件超重、超高、超宽或偏载严重有翻车危险时，严禁发出开车信号；采用人力推车时，1 次只准推 1 辆车。严禁在矿车两侧推车，推车时必须时刻注意前方，严禁放飞车；不得在能自动滑行的坡道上停放车辆，否则必须将车辆闸稳。

186. 掘进机安装时应遵守哪些程序?

掘进机安装时应遵守以下程序：

（1）支起支架。由于机器落在底板上的位置过低，不便于行走机构的安装，必须用两台 5 t 链式起重器将机架吊起，从机架两侧放入方木将机架垫高。注意不得将手或身体任何部位伸入机架的底部。起吊前必须确认起吊支架牢固可靠。

（2）安装履带架。用起重器将履带架吊起，对准履带架支承座及定位销，严密贴合，然后用高强度螺栓固定，用扭力扳手紧固至规定力矩，拧紧后再用钢丝将螺母串联防松。在安装履带架时，其行走马达应一前一后布置，而且应先安装马达位置在前的履带架，这样便于安装。一侧履带架安装完毕后，应在其下部垫入木板以保持平衡，用同样的方法安装另一侧履带架。

（3）安装履带链和履带板。待履带架全部安装完毕后，撤除履带架下部的木板，将履带链围在履带架上，然后固定履带一端，用绳扣和 2 t 链式起重器拽另一端，对准履带销孔后穿入履带销子。安装履带板应注意其前后方向，掘进机前行时，履带板有凸缘的一边应先着地。

（4）安装动力部分。待履带安装完毕后，可以将电控箱、液箱、液泵电动机、液压泵站、液压操作台、电气操作箱和后支撑架等分别安装；将电源电缆、各电缆引线和液压管线对接好；将液箱的液压油按要求加好；然后将各部仔细检查一遍，送上电源，试试液泵电动机运转方向、泵站的供液情况和行走部运转是否正常。

（5）安装主铲板。用5 t链式起重器将主铲板吊起，将掘进机机体与主铲板对接好，穿好销子。安装副铲板用M20吊环分别将左、右副铲板吊装到主铲板两侧并靠严，将带有马达的主减速器装在铲板的右侧，无马达的副减速器装在铲板的左侧。减速器装完后，用定位销子和螺钉将减速器固定好，将马达液管对接好；盖上圆盘盖板，把螺钉固定好，装好盖板并固定好；装好铲板两侧的油缸并将液管对接好；送电开启液泵试一下铲板的动作。掘进机铲板的安装完毕后，将后支撑和铲板落下，抬起整机，把垫木撤走。

（6）安装截割臂。用链式起重机将截割臂吊起（平吊）与回转台对齐，上好锁紧螺母固定。截割臂与回转台销子固定好后，用枕木将截割臂垫平，再安装升降油缸与回转油缸，接好液管，试试截割臂的升降与回转，如无问题，方可拆除枕木。或者将截割臂用链式起重机吊起有销轴孔的一端，开动掘进机机体与之对接，对好销轴孔穿入连接销，安装升降油缸与回转油缸并接好液管。操作截割臂试试截割臂的升降和回转有无问题。

（7）安装刮板输送机。用链式起重器将输送机溜槽吊起，从掘进机的后方插入机体内，与铲板连接。输送机溜槽装好后，将刮板链分两段连接好，安装输送机刮板链。

187. 掘进机安装时有哪些注意事项?

安装掘进机的注意事项如下：

（1）当起吊各组件时，必须按着吊孔和吊环所定的位置挂钢丝绳。

（2）当安装销子及螺栓时，必须涂抹防锈油或者涂黄甘油。

（3）在有防尘圈的部位装销子时，必须一边稍稍转动，一边插入，注意不要划伤其防尘圈。

（4）在调整螺栓等露出的螺纹部分时，为防止生锈，应涂抹润滑脂。

（5）紧固螺栓的紧固力矩，应按所规定的紧固力矩进行紧固。

（6）更换易损件时，应先用洗油清洗，然后用高压风吹净后装入。

（7）各共装部位必须符合装配要求。

（8）各紧固部位必须均匀紧固，防止由于紧固不均匀而造成组件偏斜，影响正常使用。

（9）各部位的连接螺栓必须使用规定的螺栓，不得用其他型号的螺栓代替。

188. 掘进机的调试包括哪些内容?

掘进机安装完毕后，为使其保持正常的工作状态，需进行全方位的调试。

（1）调试前的工作。调试前应注意做好以下几项工作：

1）对照安装标准和要求，对掘进机进行全面检查，确认安装无误后，方可进行调试工作。

2）掘进机油箱加足液压油，各齿轮箱加足润滑油。

（2）机械系统的调试：

1）第一刮板输送机链条的调整。

2）履带张紧程度的调整。

3）第二刮板输送机链条的调整。

（3）液压系统的调试：

1）泵循环系统溢流阀压力的调定。

2）各液压缸溢流阀压力的调定。

3）行走液压系统溢流阀压力的调定。

4）耙爪液压系统溢流阀压力的调定。

5）刮板输送机液压系统溢流阀压力的调定。

6）履带张紧液压系统溢流阀压力的调定。

7）喷雾泵液压系统溢流阀压力的调定。

（4）电气系统的调试：

1）电动机转向的调整。掘进机截割电动机、液压电动机和第二输送机电滚筒，均不设反转功能，试运转时发现反转现象，必须对其进行调整。

①所有电动机全部反转时，只需打开电控箱的接线腔，对进线电缆的任意两根电源线相互调换即可。

②只一个电动机反转时，只需打开该电动机的接线盒，将任意两根负荷线相互调换即可。

2）电动机掉电的调整。只要掘进机进行截割作业，截割电动机就掉电，出现这种现象的主要原因是过热继电器整定值过小，使截割电动机不能承受较大的截割负荷所致。调整的办法是，打开电控箱，调大截割电动机过热继电器的整定值，这种现象便可排除。

189. 如何确定掘进机截割方式?

掘进机截割方式指的是掘进机截割头在掘进工作面上的移动轨迹。截割方式应由《作业规程》规定，一般应根据掘进机机型、地质条件、顶底板状况、巷道断面大小、煤岩性质及夹矸位置等来确定。一般情况下，截割时，首先从左下角钻进，沿底板水平扫底，将底板清理好后，再循序向上截割。

(1) 确定掘进机截割程序一般原则：

1) 有利于顶板的控制和维护，避免冒顶片帮。

2) 有利于降低截割阻力，提高钻进和开切效率。

3) 有利于减少截割头的空行程，增加钻进深度。

4) 有利于少出大块煤（矸），方便装载和运输。

(2) 选择掘进机截割程序正确方法：

1) 较均匀的中硬煤层，先割柱窝、掏底槽，由下向上横向截割。

2) 半煤岩工作面，先割软后割硬，先掏槽后割底，在煤岩分界线的煤侧钻进开切，沿线掏槽。

3) 硬煤采取先上后下的方式截割。

4) 层理发达的软煤层，由中心开钻，四边刷帮。

5) 破碎顶板留顶煤割两帮，中间留煤垛。

6) 易片帮煤层，宜先截割下帮，后截割上帮，先底后顶，最后上角收尾。

190. 掘进机司机下井操作前应做好哪些准备工作?

1. 下井前的准备

(1) 按时参加班前会。

(2) 穿戴齐全劳动保护用品。

(3) 带好常备工具及刀齿、密封圈、胶管等。

(4) 携带掘进机司机特殊工种操作资格证。

(5) 佩带矿灯、自救器、瓦斯报警仪。

2. 开工前的安全确认

(1) 检查作业环境安全情况:

1) 检查工作地点支护情况是否完好,发现问题采取措施处理好后方可进行工作。

2) 检查工作面范围的风量是否充足,风筒有没有断开,风筒距离是否符合要求。

3) 检查工作面瓦斯情况,瓦斯浓度小于1.0%,无问题方可进行工作。

(2) 检查掘进机完好情况:

1) 检查掘进机周围有无杂物。

2) 检查掘进机上的电气开关箱和液压操作手柄是否打在关闭或空挡位置。

3) 检查电缆固定的位置是否妥当,绝缘套有没有损伤。

4) 检查各部分的螺钉是否拧紧,检查各处运转部件的灵活性、可靠性。

5) 检查液压系统及各种水管是否有漏油、漏水或堵塞现象。

6）检查齿座是否有损坏，截齿是否短缺，不能少于总数的90%。

7）检查刮板运输机和履带链的张紧程度是否合格。

（3）掘进机试运转：

1）确认周围无人，启动掘进机。

2）检验喷雾效果，系统、耙爪、运输机、截割运转是否正常。

3）试验各急停保护是否灵敏可靠。

4）停机截断电源，等待正常开机指令。

191. 掘进机司机操作过程中应注意哪些事项?

1. 启动掘进机

（1）接到开机指令，合上隔离开关，指令箱合电，指示灯亮。

（2）按电铃按钮发出开机信号，打开水阀见喷雾喷嘴出水，确认机器已有冷水。

（3）旋转在司机座位右上方的操作箱油泵电动机手柄置于“运转”位置，油泵运转。

（4）启动转载机、小溜子、耙爪运转。

（5）发出警示，启动截割。

（6）当截割头旋转后，可根据截割工作程序操纵多路换向阀。

2. 掘进机正常截割

（1）机器在掘进截割时应根据巷道的围岩情况，断面形状大小合理地进行。

（2）截割程序选择的一般原则应利于顶板支护和钻进开截，既截割阻力小，又使掘进效率提高，尽量避免大块，利于装载运输等，司机灵活掌握。

（3）横截割头的钻进截割。根据横截割头的特点，一般开槽钻进时每进 0.11 m 时向左（右）摆动 0.3 m 距离，以便截割两个截割头中间的煤岩，方可再次进刀，直至开槽钻进到 0.33 m 或 0.55 m，开槽钻到终止深度视煤岩坚硬程度来确定。

（4）截割头摆动截割。一般截割程序，对于较均匀的中等硬度煤岩采取由下向上的分段摆动截割程序；对于较破碎顶板采取留板煤或超前支护的办法，再由下向上分段摆动截割；对于层节理发达的软煤则采取下部中心开钻，然后左右摆动和周边刷帮的截割程序。无论何种条件都先将底面清理好再向上截割，否则，会使机器履带垫起，越掘越漂。

（5）截割工作时的注意事项。应尽量避免截割头带负荷启动，并不许经常过负荷运转。截割头在最低位置工作时严禁将铲板抬起，以避免截割臂与铲板相撞造成事故。截割头向上截割应注意与前一刀摆动截槽的衔接。在操纵液压手柄时不得用力过猛。此外，当机器需要在截割头近处维修或用截割头托梁器抬起棚梁时，严禁截割头旋动，并关闭喷雾，以免发生人身事故。

3. 掘进机正常停机

（1）操纵主令控制箱的截割电动手柄置于停止位置，停止截割头转动。

（2）操纵装运机构马达手柄置于中间位置，停止装载和输送机工作。

（3）掘进机退至安全、无淋水地点。

（4）操纵多路换向阀手柄，将截割头缩回，将截割臂摆正，下降落地；将铲板落地，后支撑收起；并将所有操作手柄置于中间位置。

（5）操纵主令控制箱上的泵站电动机手柄置于停止位置，停止泵站工作。

（6）关闭供水阀停止供水。

（7）操纵防爆电气箱上的停止按钮，离开操作位置，关闭总隔离开关，停止供电。

（8）机器发生下列情况时应按上述程序及时停机：油管，水管，管接头漏油、漏水，油压不足，电动机过热，油箱温度过高，运转部位有异常声响，油泵、马达产生异常噪声或不正常振动，有控制失灵现象等。

4. 掘进机紧急停机

（1）操纵非司机侧或司机侧的紧急停机按钮。

（2）关闭供水阀停止供水。

（3）液压操纵手柄置于中间位置。

（4）关闭总隔离开关。

5. 收尾工作

（1）清扫掘进机上的浮煤。

（2）清理履带两侧浮煤。

（3）掘进机悬臂机件落地。

（4）对掘进机及其周围进行安全确认，发现问题并及时处理或汇报。

（5）现场交接班，对本班掘进机截割情况（包括进尺和故障及其处理情况）记录在案。

◎真实案例

1993年3月10日，某矿掘进工作面有1名工人更换维修掘进机截割头截齿，掘进机司机怕麻烦，仅切断了机器操作台电源，而没有断开电气开关箱上的隔离开关。掘进机司机只顾和另1名工人说话，竟忘了检修一事，突然掘进机截割头意外运转，将正在更换截齿的工人割伤致死。

192. 掘进机的操作有哪些注意事项?

掘进机的操作有以下注意事项：

（1）司机必须经培训考试合格后持有司机证，严禁非司机操作掘进机。司机必须做到四会：会使用、会维护保养、会检查和会排除故障。

（2）启动液压泵启动前应检查各液压阀和供水阀的操作手柄，必须处于中位。

（3）启动掘进机前，要撤走机器前方和两侧一切无关人员。

（4）掘进机严禁负载启动，截割头必须在旋转情况下才能贴靠工作面；开始截割时，截割头要缓慢进入煤壁，要根据煤或岩石的硬度，掌握好截割头的截割深度和截割厚度，以免发生过大的振动以致损坏机器。

（5）司机在截割过程中要密切注意围岩和煤质条件和机器运转情况，若有问题必须立即停止工作，进行查验和处理。在工作面进行支护时，司机严禁离开操作台。

（6）机器向前行走时，应注意扫底并清除机体两侧的浮煤，扫底时应避免底板出现台阶，防止产生掘进机爬高。

（7）调动机器前进或后退时，必须收起后支撑器，抬起铲板。

（8）截割部工作时，若遇闷车现象应立即脱离截割或停机，防止截割电动机长期过载。

（9）对大块掉落煤岩，应采用适当方法破碎后再进行装载；若大块煤岩被龙门卡住，应立即停车，进行人工破碎，不能用刮板机强拉。

（10）液压系统、供水系统的压力不准随意调整，若需要调整时应由专职人员进行。

（11）注意观察油箱上的液位、液温计，当液位低于工作油位或轴温超过规定值（70℃）时，应停机加油或降温。

（12）开始截割前，必须保证冷却水从喷嘴喷出。

（13）机器运转中注意保护好电缆，避免遭受水淋、撞击、挤压、碰砸和炮崩。

193. 操作掘进机截割时应注意哪些安全事项？

操作掘进机截割时应注意以下安全事项：

（1）截割头可伸缩的掘进机，前进截割和横向截割都必须在截割头缩回的位置进行。

（2）前进时必须放下铲板，提起后支撑器，将煤装净以免履带在浮煤上行走；后退时必须提起铲板和后支撑器。

（3）截割时应先打开冷却喷雾系统，及时降尘，必须先喷后割，先停机后停水，工作中停水必须停机，严禁手持水管站在截割头附近直接喷洒。

（4）截割速度不可过快，应与装载能力相适应，煤的块度不可过大，以免影响装载和运输。

（5）截割头必须在旋转中钻出，不得停转外拉，不得带负荷启动，不得过负荷运转，保持机器在满载、高效、最佳状态下工作。

（6）截割头降到最低位置时，不得抬铲板，避免耙爪碰截割臂。

（7）截割时空顶距离不得超过《作业规程》规定的最大距离。要保持巷道中心正确，断面不得由于煤质的软硬而超掘或缩小。

（8）使用截割臂上棚梁时，必须闭锁截割电动机，不得用截割臂吊装其他重物。

（9）掘进机截割时，禁止工作人员进行检修或注油，也不得接触任何运转部位。

（10）司机和机组人员工作时应集中精力，利用手势进行联系时，应能正确领会意图，配合默契。

（11）遇有硬岩层，不得用机器硬割，必须打眼放震动炮处理。此时，机器应后退至最大可能的距离，并对照明灯等怕崩的组件妥善遮挡。

（12）随时注意工作面的瓦斯和粉尘浓度变化情况，如果超过规定浓度，必须停止截割进行处理。

（13）截割时要坚持使用并保护掘进机机载甲烷检测报警仪。

194. 掘进机遇有变坡时应采取哪些截割方法?

掘进机遇有变坡时一般应采取以下截割方法：

（1）掘进机由平巷转入小于15°的上山掘进，开始变坡时，截割头割煤时应稍高于铲板前沿，每进一刀，将铲板稍抬起前进，逐步将底、顶板升高，以适应上山的需要。当掘进机全部进入上山坡度时放低铲板按正常方法掘进。

（2）掘进机由平巷转入大于15°上山掘进时，如果顶板抬起高度超过机器本身的截割高度，可将机器退回6～7 m，将履带前用木板垫高，使机器前进时截割头抬高进行截割。以后每割一刀垫板一次，一直达到规定的坡度，然后撤去木板正常掘进。

（3）掘进机由平巷转入小于15°左右的下山掘进时，应下放铲板，截割头卧底截割。随着掘进机边前进边放铲板，当达到规定坡度时按正常掘进。

（4）当下山坡度超过机器卧底量时，可放下后支撑，抬起机器后部，在履带下垫木板，以便增加机器的卧底量进行截割，直至达到规定的坡度。

195. 掘进机在大于15°的上山掘进时，应采取哪些措施?

掘进机的爬坡能力一般在12°～15°，在大于15°的上山掘进时，会失去制动能力而下滑，造成安全隐患。这时，应采取以下措施：

（1）在掘进机后支撑座上增设加高器，以保证机器工作在大于 15°的上山工作面工作时，制动有效，不致下滑。

（2）在掘进机后部增加垫木，以增加履带摩擦阻力，防止下滑。

（3）在转载机与溜槽间增设承载轨道，以保证转载机能准确向溜槽中卸煤，每掘进 12 m，向上延长一次溜槽。

（4）在司机座前增设防护挡板，以防煤块伤人。

196. 掘进机的停机顺序是什么？

（1）掘进机的停机顺序：

1）停止截割头运转。

2）停止内、外喷雾。

3）停止耙爪。

4）停止刮板输送机运转。

5）停止转载机运转。

6）铲板落至底板上。

7）截割头缩回，放置在底板上。

8）后支撑落地。

9）停止液压泵。

10）将所有急停按钮闭锁。

11）关闭电磁开关箱电源。

12）取下专用扳手。

13）停止上一级电磁启动器，并闭锁开关停止供电。

（2）操作急停按钮停机的情况。在下列情况出现时可操作急停按钮停机：

1）遇有威胁人身和设备安全时。

2）出现冒顶片帮、歪倒支架、出水预兆和瓦斯涌出，并危及现场安全时。

3）掘进机本身发生异常现象时。

197. 掘进机操作前主要检查哪些内容？

掘进机操作前主要检查以下内容：

（1）各操作手柄和按钮是否正确、灵敏可靠。

（2）截割齿是否锐利、齐全。

（3）各零部件是否齐全、紧固、可靠。

（4）各注油部位是否按规定注油，各减速器、液压缸及油管有无漏油、缺油现象，油量和油温是否符合要求。

（5）履带链松紧程度是否符合要求，履带轮和支承轮转动是否灵活。

（6）电缆、电气设备是否正常，有无失爆。

（7）冷却降尘系统是否正常。

（8）刮板输送机是否完好，刮板链松紧程度是否适宜。

（9）转载机胶带、托辊是否完好，清扫装置是否有效。

198. 掘进机各部位日常维护检查有哪些内容？

掘进机日常维护检查有以下主要内容：

（1）截割头：

1）检查固定截割头的螺栓有无松动。

2）检查更换磨损过限、丢失和损坏的截齿。

3）检查齿座有无裂纹与磨损。

4）检查喷嘴是否完好畅通。

（2）截割臂：

1）检查伸缩机构密封挡环固定螺栓有无松动。

2）检查伸缩机构润滑情况。

3）检查减速器螺钉、螺栓、排气孔及润滑情况，按规定注油。

4）检查连接螺栓情况。

（3）履带：

1）检查履带的张紧程度是否正常。

2）检查履带板、销子有无损坏。

3）通过油位计检查行走减速器油量。

（4）铲板与耙爪：

1）检查耙爪转动是否正常，轴承是否松动。

2）检查耙爪与铲板的间隙是否正常。

3）检查各连接销有无松动。

4）检查耙爪减速器油量是否合适。

（5）刮板输送机：

1）检查刮板链松紧是否合适。

2）检查刮板、圆环链和链轮的磨损情况。

3）检查固定刮板螺栓有无丢失和松动。

4）检查减速器的油量是否合适。

（6）转载机：

1）检查托辊是否转动灵活，有无损坏缺失。

2）检查输送带松紧程度是否合适，接头是否完整。

3）检查减速器油量是否合适。

（7）液压系统：

1）检查各油管有无损伤，各接头、U形卡是否牢固，有无漏油现象。

2）检查减速器、分配器、油箱的油是否充足。

3）检查油箱油液的温度是否保持在40～60℃范围内。

4）检查液压泵、马达有无异常声音、异常温升。

5）检查各换向阀的操作手柄位置是否正确，有无漏油现象。

（8）电力系统：

1）检查拖拽电缆有无损伤、擦伤或扭曲现象，确保其能在机器后面自由拖动，不刮不伸。

2）对电动机、电控箱、电缆等电气设备上的尘土和煤泥应经常清除，便于检查。

3）定期检查各导线、电气元件的连接螺钉，有松动现象及时紧固。

4）检查并确定过载继电器的调整正确。

5）检查割电动机轴承有无缺油及异常情况。

6）对经常打开的各种防爆电气设备的隔爆接合面，必须保持有薄薄一层防锈油，以防生锈。

7）检查各种电气设备的接地装置是否良好。

8）隔爆型电动机应经常检查绝缘电阻，在允许条件下用1 000 V兆欧表测量应不低于0.7 MΩ。

（9）冷却降尘系统：

1）检查喷雾泵螺栓是否紧固。

2）检查内、外喷雾压力是否符合规定。

3）检查除尘器运转是否正常。

199. 掘进机截割机构主要有哪些故障？原因是什么？如何处理？

1. 截割头空转不能截割

（1）原因：

1）截割过载。

2）安全保护装置动作。

3）电动机或轴承损坏。

（2）处理方法：

1）减轻截割负荷。

2）约等 3 min 后复位。

3）更换电动机或损坏的轴承。

2. 伸缩机构不能伸缩

（1）原因：

1）伸缩液压缸损坏。

2）伸缩筒故障。

（2）处理方法：

1）更换液压缸。

2）伸缩油缸密封圈损坏造成串油，更换密封圈。

3）更换伸缩部。

3. 截割减速器温度过高并有异常响声

(1) 原因:

1) 润滑油不足。

2) 轴承研损或齿轮打牙。

(2) 处理方法:

1) 漏油严重，应按规定加油。

2) 轴承研损或齿轮打牙，遇有这种情况，必须停机检修，进行更换。

4. 截割头截齿损耗量大

(1) 原因:

1) 截割方式问题。

2) 截齿质量问题。

(2) 处理方法:

1) 遇到过硬的岩石应改变一下截割方法，不要硬截。

2) 应采用优质合格的产品。

5. 截割臂在工作中左右摆动不灵活

(1) 原因:

1) 截割系统有故障，油压低。

2) 回转液压缸密封磨损，内部泄漏大。

3) 回转液压缸液压锁失灵。

4) 回转轴承因缺油磨损。

(2) 处理方法:

1) 可检查一下系统压力，判断是否因系统压力低的原因造成截割回转系统压力低，是否有漏液严重的地方，或是油路堵塞现象，或者是换向阀故障，针对问题作出处理。

2）更换油缸。

3）检修、清洗、更换液压锁失效零件。

4）更换回转轴承，并疏通注油管，以便能按规定注油。

6. 截割臂升降机构不灵活或不能升

（1）原因：

1）液压系统故障，油压低。

2）升降缸内部泄漏。

3）升降缸液压锁失灵。

4）截割臂升降轴承缺油。

（2）处理方法：

1）可参照以上方法进行处理。

2）需更换轴承，清理注油嘴。

200. 为什么掘进机截割时振动过大？处理方法是什么？

（1）振动过大的原因：

1）工作面遇到断层夹石，硬岩较多，截割时发生振动。

2）截齿磨损严重或脱落。

3）伸缩臂或滑道间隙过大。

4）液压缸等铰接处间隙过大。

5）回转台紧固螺栓、螺钉松动或轴承损坏。

（2）处理的方法：

1）采取正确的截割方法，避免截割硬岩。

2）检查截齿，更换补齐截齿。

3）检查截割臂，调整间隙至规定值。

4）检查间隙，更换销轴。

5）检查、紧固或更换螺栓、螺钉，更换轴承。

201. 掘进机装载机构主要有哪些故障？原因是什么？如何处理？

1. 耙爪转动慢、不能转动或只有一侧耙爪转动

（1）原因：

1）油压过低，马达轴断或马达内部故障。

2）耙爪圆盘或减速器内部故障。

3）耙爪只有一侧转动，其原因可能是中间传动轴折断或联轴器损坏。

（2）处理方法：

1）检查系统油压情况，查找原因，排除故障；检修或更换液压马达。

2）更换圆盘轴承，检修或更换减速器。

3）更换传动轴；检修或更换联轴器。

2. 装载耙爪轴承易损坏

（1）原因。轴承长期在煤岩泥浆的恶劣环境中运转，当缺油或密封损坏时，易进入泥水致使轴承损坏。

（2）处理方法。拆开轴承上盖直接往轴承内涂抹二硫化钼锂基脂进行润滑。

3. 耙爪减速器声音不正常，导致耙爪运动失调

（1）原因：

1）减速器缺油。

2）减速器盖板松动，轴弧齿圆锥齿轮损坏。

（2）处理方法：

1）补油后仍不正常则可能是减速器内部故障。

2）将12个定位销中距箱体边缘空间较大的6个改为M16螺栓，用以加强盖板的固定。

202. 掘进机运输机构主要有哪些故障？原因是什么？如何处理？

1. 输送机的刮板损坏，甚至折断

（1）原因。有的掘进机输送机的刮板链为单链结构，在装运中遇到装运量大，且有大块矸石时，刮板易损坏，甚至折断。

（2）处理办法。更换刮板，改单链为双链。

2. 刮板链速度低或不动

（1）原因：

1）输送机过载，造成摩擦离合器打滑。

2）油压过低。

3）减速器内部损坏。可能是轴承或齿轮磨损严重造成啮合困难。

4）链轮处被卡住。

5）链条过紧。

6）液达马达内部损坏。

（2）处理办法：

1）均衡运输或调整摩擦离合器调节弹簧。

2）检查系统油压和元件，是否有漏油或元件工作不正常，检修或更换元件。

3）检修或更换减速器。

4）及时停机处理，将卡住硬物去掉。

5）调整链条松紧程序。

6）更换液压马达。

3. 刮板链断

（1）原因：

1）刮板链松紧不合适，链轮咬坏链环。

2）连接环使用不当，短缺螺栓未及时补齐，从连接环处折断。

3）圆环链磨损超限。

4）链轮中卡入石块或异物。

（2）处理方法：

1）按规定调整刮板链，使张紧程度合适；对于双链运输，在更换新链时，同一刮板距之间的刮板链应同时更换，不要一新一旧搭配使用。

2）连接环缺螺栓时应及时补齐。

3）按规定更换刮板链。

4）清除石块或异物。

203. 掘进机行走机构主要有哪些故障？原因是什么？如何处理？

1. 驱动件故障

（1）原因：

1）液压马达内部有故障

2）电动机轴承缺油，造成轴承损坏。

3）电动机缺相或烧坏。

4）行走减速器内部故障。

（2）处理方法：

1）更换液压马达。

2）按规定注油或更换轴承。

3）应检查线路，紧固连接螺钉；更换熔丝或电动机。

4）更换减速器。

2. 行走速度慢或不能行走

（1）原因：

1）液压马达损坏。

2）油压过低。

3）履带太松，驱动链轮跳牙，与履带不能正确啮合。

4）履带过紧，使驱动链轮无法运转。

5）履带板缝中充满砂土且坚硬。

6）无伸缩筒掘进机，切割钻进阻力大，致使行走阻力大于履带的黏着力，造成履带打滑。

（2）处理方法：

1）更换液压马达。

2）处理漏油或更换元件

3）检查链轮的松紧状况，按规定张紧链轮，使下链的悬垂度保持在50～70 mm。

4）清除砂土，保证履带板转动灵活。

5）可在履带下垫木板，增加履带与底板的摩擦力。

3. 履带支撑轮不转

（1）原因。履带支撑轮长期在煤水、泥浆等恶劣的工作环境中运转，有时因密封不良或注油不及时，煤水、泥浆浸入，引起“抱轴”事故。这时，用油枪也注不进油。

（2）处理方法。在支撑轮外盖上钻孔攻螺纹，安装一个高压接头，与高压油管连接，借助高压油的压力清理支撑轮的堵塞物，再注入二硫化钼锂基脂。

4. 履带跳链

（1）原因：

1）履带过松。

2）张紧液压缸损坏。

3）驱动链轮轮齿磨损超限。

（2）处理方法：

1）按规定调整履带的松紧度。

2）检修或更换张紧液压缸。

3）更换新链轮。

204. 掘进机冷却降尘系统主要有哪些故障？原因是什么？如何处理？

1. 截割头没有外喷雾或压力低

（1）原因：

1）供水压力太低或水量不足。

2）喷嘴堵塞。

3）供水入口过滤器堵塞。

（2）处理方法：

1）调整供水压力和水量，保证喷雾水压和水量。

2）经常清理喷嘴，损坏的应更换。

3）按规定清扫过滤器，避免堵塞。

2. 截割头没有内喷雾或压力低

（1）原因：

1）喷雾泵内部损坏。

2）喷嘴堵塞。

3）供水量不足。

4）溢流阀动作不良。

5）喷雾系统密封损坏。

6）供水入口过滤器堵塞。

（2）处理方法：

1）更换新泵。

2）应经常清理喷嘴，保证畅通。

3）更换大径水管，调整喷雾泵的流量或更换喷雾泵。

4）调试溢流阀或更换其调整弹簧。

5）检查、更换密封，处理跑水。

6）按规定清扫过滤器，避免堵塞

205. 切割头自动停止转动的原因是什么？如何处理？

切割头自动停止转动的原因和处理方法如下。

（1）原因：

1）切割过载。

2）切割电动机温度过高。

3）切割臂花键套外蹿不能传递扭矩。

4）切割减速器故障。

（2）处理方法：

1）如果是过载的原因，当负荷消失并延时 10 s 后，切割电动机自动启动，切割头重新开始工作。

2）如果是超温原因，当温度下降后约 3 min，电动机自动启动，切割头重新开始工作。

3）如果是堵头螺钉滑扣了，则必须处理一下螺纹，重新更换堵头螺钉。

4）更换已损坏的零件或更换减速器。

206. 常见的掘进机伤人事故有哪几种?

井下掘进巷道空间狭小，光线不足，噪声较大，而掘进机个大、体重，工作期间不停地前后、左右、上下运动，且控制开关按钮繁多，稍有不慎就可能伤及人员。常见的掘进机伤人事故有以下几种：

（1）在检修截割头、更换截齿和喷嘴时，截割电动机意外开启，将附近人员绞伤甚至死亡。

（2）在检修、处理掘进机故障或进行支护时，因顶帮维护不好，造成冒顶、片帮砸人或埋人。

（3）移动掘进机时，没有发出信号，或者误操作，挤住现场人员致伤、致死。

（4）掘进机司机操作不当，截割头碰倒支架，砸住其他人员致伤、致死。

（5）由于掘进机本身故障，使悬空的截割臂突然下落，砸住臂下人员致伤、致死。

◎真实案例

1999年2月24日11点03分，河北省开滦矿务局某煤矿2393下运掘进工作面掘进机悬空的截割头突然滑动，打死一名现场作业人员。

该班掘进第一架时发现掘进机截割头向右回转有困难，电钳工判断是回转油缸坏了一个，即甩掉左侧油缸，用右侧单油缸试掘，证实是左侧油缸坏了，并从工具房取来一个备用油缸。

当用右侧单油缸掘出第二架位置，支架好上卡缆时，电钳工安装左侧油缸，并让班长拔下右侧油缸的油管，准备安在左侧油缸上。当班长用钳子刚一拔出油管时，喷出的油液喷了班长满脸；同时，由于掘进机向左偏斜5°，悬空的截割头在重力作用下向左滑动，打在正在挂卡缆支拉钩的一名工人的后背上，该工人经抢救无效死亡。

207. 预防掘进机伤人事故有哪些措施?

预防掘进机伤人事故主要有以下措施：

（1）在检修、处理掘进机故障或进行支护时，一定要维护好顶帮，防止冒顶、片帮砸人或埋人。

（2）掘进机停止工作时，必须将截割头落在底板上，任何时候人员均不得在截割臂下逗留或作业。

（3）开动掘进机前，必须通知所有人员撤离机器前方和截割臂附近。

（4）经常检查刮板输送机刮板链的磨损情况，防止断链弹人。

（5）经常检查电缆完好情况，防止破损漏电。

208. 发生煤矿灾害时自救、互救有什么必要性?

所谓“自救”，就是矿井发生意外灾变事故时，在灾区或受灾变影响区域的每个工作人员避灾和保护自己而采取的措施及方法。

而“互救”则是在有效的自救前提下为了妥善地救护他人而采取的措施及方法。

在矿井发生重大灾害事故的初期，通常情况下，灾害波及的范围和对人员的危害都比较小，既是抢救事故的有利时机，又是决定矿井和矿工生命安全的关键时刻。一般来说，事故发生后，矿山救护队不可能由地面马上赶到事故现场进行抢救，而处于灾区的现场作业人员在万分危急的情况下，依靠自己的智慧和力量，积极、正确地采取应急自救、互救，具有及时性、就近性、广泛性、自发性和有效性，是保证灾区人员自身安全和控制灾情进一步扩大，将灾害事故消灭在萌芽阶段和初始状态，最大限度地减少事故损失的重要环节。即使在事故处理的中、后期，现场作业人员应急自救、互救，对提高抢险救灾工作成效也具有重要的作用。

因此，要求每个入井人员都必须熟知以下内容：

（1）熟悉所在矿井的灾害预防和处理计划。

（2）熟悉矿井的避灾路线和安全出口。

（3）掌握避灾方法，会使用自救器。

（4）掌握抢救伤员的基本方法及现场急救的操作技术。

209. 矿工应急自救、互救基本原则是什么？

矿工应急自救、互救应符合基本原则：

（1）及时报告灾情。发生灾害事故时要立即向现场领导报告，或通过电话及其他联络方法向矿调度室报告事故发生的时间、地点、灾情及遇险人员情况等。

（2）积极消除灾害：

1）及时扑灭灾情。在保证安全的前提下，采取积极有效的措施，将事故消灭在初始阶段或控制在最小范围内，最大限度地减少事故造成的伤害和损失。

2）积极抢救遇险人员。灾害事故发生后，处于灾区内以及受灾害威胁区域的人员，应沉着冷静，根据灾情和现场条件，在保证自身安全的前提下，采取积极有效的方法和措施，抢救遇险人员，控制灾情在最小范围，最大限度地减少和避免事故造成的伤亡和损失。在抢救过程中，要坚持统一指挥，不得冒险蛮干，采取可靠的安全措施，防止灾区条件恶化，威胁抢救人员安全，造成灾情扩大。

（3）迅速撤离灾区。当受灾现场不具备事故抢救条件或可能危及抢救人员安全时，应由现场负责人或有经验的老工人带领，根据《矿井灾害预防和处理计划》提示的撤退路线和现场实际情况，选择安全条件最好、距离最短的路线，迅速撤离灾变区域。在撤退时，要服从现场领导统一指挥，根据灾情使用个体防护用品。

1）遇到瓦斯、煤尘爆炸事故时，要迅速背向空气震动方向、面朝下卧倒，并用湿毛巾捂住口鼻或迅速戴好自救器。冲击波过后，位于爆炸中心点上风侧人员，迎着风流撤退；位于爆炸中心点下风侧人员，尽量低着头，快速逃向新鲜风流区域至地面。遇有冲击波及火焰袭来时，应屏住呼吸，背向冲击波俯卧在底板上或水沟内。

2）遇到火灾事故时，首先判明灾情和自己的处境，能灭则灭；不能扑灭时，位于火灾上风侧人员，要迅速戴好自救器或用湿毛巾捂住口鼻，迎着风流快速撤退；同时要注意可能产生的火风压造成反风带来的危害。位于火灾下风侧人员，戴好自救器或用湿毛巾捂住口鼻，沿最近、风量最小的避灾路线躬身快速撤离灾区。

3）遇到水灾事故时，应尽量避开突水水头；难以避开时，要抓紧身边牢固物体，并深吸一口气，待水头过后开展自救、互救。能够撤离灾区人员，要背对突水区域，选择上行路线，快速撤到上一水平或较高巷道升井。

（4）妥善安全避灾。发生灾变时，现场人员如因通路堵塞、自救器不起作用或煤与瓦斯突出等原因无法安全撤离时，应迅速进入预先构筑的避难硐室或其他安全地点暂时躲避，同时在硐室外留下明显标志，并间断敲打轨道或铁管等发出求救信号，等待救援。

210. 自救器有什么作用？

自救器是一种轻便、体积小、便于携带，戴用迅速、作用时间短的个人呼吸保护装备。当井下发生火灾、爆炸、煤和瓦斯突出等事故时，供人员佩戴和使用、可有效防止中毒或窒息。

当煤矿井下发生灾害事故以后，例如瓦斯爆炸、煤尘爆炸、火灾或冒顶、透水等事故将井下人员围困在密闭的空间里，都会造成有害气体增加，氧气含量减少。人们在灾害事故环境中逃生或避灾，会因缺氧和吸入过量有害气体而发生中毒、窒息甚至死亡的恶果，因此，这时必须佩戴好自救器。

《煤矿安全规程》中规定：入井人员必须随身携带自救器。在突出煤层采掘工作面附近、爆破时撤离人员集中地点必须设有直通矿调度室的电话，并设置有供给压缩空气设施的避难硐室。

211. 自救器分为哪几类？

当井下发生火灾、瓦斯和煤尘爆炸、煤与瓦斯或二氧化碳突出等灾害时，井下人员应立即佩戴自救器脱险，免于中毒或窒息而死亡。自救器有过滤式和隔离式两大类。过滤式自救器实际是一种小型的防毒面具，它能吸收空气中的一氧化碳；隔离式自救器（化学氧自救器和压缩氧自救器）则是一种小型的氧气呼吸器，它能利用自救器内部配备的化学品（或氧气），通过化学反应产生氧气，供佩戴人呼吸。过滤式和隔离式自救器主要区别在以下两方面：

（1）供人呼吸的氧气来源不同。过滤式自救器供人呼吸的氧气仍是外界空气中的氧气；而隔离式自救器供人呼吸的氧气是由自救器本身供给（化学氧隔离式自救器是靠自救器内化学生氧装置产生氧气；压缩氧隔离式自救器在自救器内装有高压氧气瓶），与外界空气成分无关，故能隔离所有有害气体（包括有害气体种类和有害气体浓度）。

（2）选用原则不同。对于流动性较大、可能遇到各种灾害威胁较多的人员，如安全检查员、瓦斯检查员和矿井测风工等，应选用隔离式自救器；就地点而言，在有煤与瓦斯突出矿井、区域的采掘工作面和瓦斯矿井掘进工作面，应选用隔离式自救器；而其他情况下，一般可选用过滤式自救器。

212. 如何佩戴过滤式自救器？

过滤式自救器是利用装有化学氧化剂的滤毒装置将有毒空气氧化成无毒空气供佩戴者呼吸用的呼吸保护器。它仅能防护一氧化碳一种气体。适用于灾区内空气中氧浓度不低于 18%和一氧化碳浓度不高于 1.5%。

（1）过滤式自救器的构造。过滤式自救器外部结构主要有橡胶保护罩、上外壳、下外壳、扳手、封口带、腰带环和号码、标志、说明牌等。

过滤式自救器内部结构主要有鼻夹、口具、头带、呼气阀、吸气阀、口水挡板、过滤药缸（触煤剂和干燥剂）、滤尘层、减振垫和补偿弹簧等。

（2）正确佩戴过滤式自救器的步骤：

1）取下护罩。将自救器的橡胶保护罩取下。

2）开启扳手。用左手托住自救器，右手大拇指掀起红色开启扳手，一直扳到打开外壳密封点焊。

3）打开封口。用力拉开封口带并扔掉。

4）扔掉外壳。打开并扔掉自救器上外壳，将过滤药罐取出用手托住，并扔掉下外壳。如果下外壳被碰坏，过滤药罐取不出来，可以用手托下外壳使用自救器。

5）咬住口具。拔掉口具塞后将口具放入口中，口具橡胶片置于嘴唇与牙齿之间，牙齿紧紧咬住口具，闭严嘴唇，使空气通过自救器由口腔进入人体内。

6）戴好鼻夹。拉开鼻夹弹簧，将鼻夹准确地夹在鼻子下半部软处，使鼻子不通气，这时用嘴通过自救器呼吸。

7）套上头带。摘下矿工安全帽，把自救器头带套在头上。

8）戴上矿帽。将矿工安全帽戴在头上，并系好帽带。

9）撤离灾区。完成以上 8 个步骤后，用手托住过滤药罐或下外壳，迅速撤离到有新鲜空气的安全地点。

（3）佩戴过滤式自救器的注意事项：

1）在井下工作，当发现有火灾或瓦斯爆炸现象时，必须立即佩用自救器，撤离现场。

2）佩用自救器时，当空气中一氧化碳浓度达到或超过

0.5%，吸气时会有些干热的感觉，属正常现象。必须佩用到安全地带，方可取下，切不可因干热感觉而取下。

3）佩用自救器撤离时，要求匀速行走，保持呼吸均匀。禁止狂奔和取下鼻夹、口具或通过口具讲话。

4）佩用自救器时，因外壳碰瘪，不能取出过滤罐，则带着外壳也能呼吸。为减轻牙齿负荷，可以用手托住罐体。

5）平时要避免摔落、碰撞自救器，也不许当坐垫用，防止漏气失效。

213. 如何佩戴隔离式自救器?

（1）隔离式自救器分类：

隔离式自救器根据自救器内氧气来源不同可分为以下两类：

1）化学氧自救器。利用化学生氧物质产生氧气，供矿工从灾区撤退脱险用的呼吸保护器。用于灾区环境大气中缺氧或存有毒气体。

2）压缩氧自救器。利用压缩氧气供氧的隔离式呼吸保护器，是一种可反复多次使用的自救器，每次使用后只需要更换新吸收二氧化碳的氢氧化钙吸收剂和重新充装氧气即可重复使用。用于有毒气体或缺氧的环境条件下。

（2）正确佩戴隔离式自救器：

1）扳启开启环，拉开封口带。

2）掰开上盖，扔掉上盖。

3）把背带套在脖子上。

4）拔起口具塞，咬住口具，夹住鼻夹。

5）调整背带长度。

6）系上头带，戴好安全帽，立即撤离灾区。

（3）使用隔离式自救器注意事项：

1）隔离式自救器使用范围广，不受条件限制；使用时间运动时不少于 40 min，静坐时可达 2～3 h。

2）如果启动装置失灵，启动药块不启动，气囊没鼓起，应在咬住口具后，用嘴向气囊内吹一口气，立即夹上鼻夹，待药块放氧后即可正常行走。佩戴约 20 min 后，启动药块由于受热而自行反应，这时氧气过剩，会有短时不适感，一般在 10～30 s 后即可恢复正常。

3）如气囊内气体很足，呼气困难时，可用手向外拉一下排气阀尼龙绳并立即松手，可排除因阻力大而造成的呼吸困难。

4）撤离灾变现场时不要惊慌，要匀速快步行走，保持呼吸均匀，禁止狂奔快跑。在没到达安全地点前严禁取下鼻夹和口具。

◎真实案例

2000 年 9 月 27 日 20 点 38 分，贵州省水城矿务局某煤矿发生一起瓦斯、煤尘爆炸事故，事故波及整个四采区，当班井下有 244 人作业，由于矿未按规定配备自救器，造成死亡 162 人、重伤 14 人、轻伤 23 人。

214. 如何利用避难硐室进行自救？

避难硐室是供矿工在遇到事故无法撤退而躲避待救的设施。利用避难硐室避难时应注意以下事项：

（1）进入避难硐室前，应在硐室外留有衣物、矿灯等明显标志，以便救援人员发现。

（2）待救时应保持情绪稳定，不要急躁，尽量俯卧于底部，以保持精力、减少氧气消耗，避免吸入有毒气体。

（3）硐室内只留一盏矿灯照明，其余全部关闭，保持照明时间。

（4）间断敲打水管、轨道或巷帮等发出呼救信号。

（5）避灾人员要团结互助，服从在场的管理人员或有经验的老工人指挥，保持逃生信心。

（6）被水堵在上山时，不要向下跑出探望；水被排走露出棚顶时，也不要急于出来，防止二氧化硫、硫化氢等气体中毒。

◎真实案例

1990 年 12 月 11 日，河北省唐山市某煤矿发生煤尘爆炸事故。发生事故当班 12 槽底区边眼掘进，板区顺槽掘进 5 人。边眼掘进爆破时引发爆炸。事故发生后，侦察发现板区顺槽的掘进人员全部死在底区顺槽的小煤门处。爆炸发生后，两台局部通风机被破坏。事后分析当时的情况，板区掘进的 5 人听到爆炸声后，由掘进头向外跑，当跑到底区顺槽时，吸入高浓度的一氧化碳气体（事后侦察后得知一氧化碳浓度为 0.5%）造成一氧化碳中毒死亡。当年该矿未配备自救器，如果有自救器的话，板区掘进的 5 人就可佩戴自救器逃生。或者，如果当时这 5 人懂得避灾不出来，在顺槽口利用风筒打临时风障、建造临时避难硐室等待救援，也可能获救。

215. 矿工在灾区自救、互救的行动准则是什么？

(1) 因事故造成自己所在地点有毒有害气体浓度增高，可能危及人员生命安全时，必须及时、正确地佩戴自救器，并严格制止不佩戴自救器的人员进入灾区工作或通过窒息区撤退。

(2) 在受灾地点或撤退途中，发现受伤人员，只要他们一息尚存，就应组织有经验的同志积极进行抢救，并运送到安全地点。

(3) 对于从灾区内营救出来的伤员，应妥善安置到安全地点，并根据伤情，就地取材，及时进行人工呼吸、止血、包扎、骨折临时固定等急救处理。

(4) 在现场急救和运送伤员过程中，方法要得当，动作要准确、轻巧，避免伤员伤情扩大和受不必要的痛苦。

(5) 在灾区内避灾待救时，所有遇险人员应主动把食物、饮用水交给避灾领导人统一分配，矿灯要有计划地使用。

216. 当发生瓦斯、煤尘爆炸事故时应如何自救、互救？

瓦斯爆炸前感觉到附近空气有颤动的现象发生，有时还发出“嘘嘘”的空气流动声。这可能是爆炸前爆源要吸入大量氧气所致，一般被认为是瓦斯爆炸前的预兆。

井下人员一旦发现这种情况时，要沉着、冷静，采取措施进行自救。具体方法是：背向空气颤动的方向，俯卧倒地，面部贴在地面，闭住气暂停呼吸，用毛巾捂住口鼻，防止把火焰吸入肺部。最好用衣物盖住身体，尽量减少皮肤暴露面积，以减少烧伤。卧倒是为了降低身体高度，避开冲击波的强力冲击，减少危险。

（1）掘进工作面瓦斯爆炸后矿工的自救与互救措施。如发生小型爆炸，遇险矿工应立即打开随身携带的自救器，佩戴好后迅速撤出受灾巷道到达新鲜风流中。

如发生大型爆炸，遇险矿工应佩戴好自救器，千方百计疏通巷道，尽快撤到新鲜风流中。如巷道难以疏通，应坐在支护良好的棚子下面，或利用一切可能的条件建立临时避难硐室，并利用压风管道、风筒等改善避难地点的生存条件。

（2）采煤工作面瓦斯爆炸后矿工的自救与互救措施。采煤工作面进风侧的人员一般不会受到严重伤害，应迎风撤出灾区。回风侧的人员要迅速佩用自救器，经最近的路线进入进风侧。

217. 煤与瓦斯突出事故发生时有哪些自救、互救措施？

发现突出预兆后现场人员避灾措施：

（1）采面人员发现预兆时，要迅速向进风侧撤离，并通知其他人员同时撤离。撤离中应快速打开自救器并佩戴好，再继续外撤。

（2）在掘进工作面发现突出预兆时，也必须向外迅速撤离。撤至防突反向风门外后，要把防突风门关好，再继续外撤。

（3）如果自救器发生故障或佩戴自救器不能到达安全地点时，在撤出途中应进入预先筑好的避难硐室中躲避，或在就近地点快速建筑的临时避难硐室中避灾，等待矿山救护队的救援。

（4）要注意延期突出。有些矿井，出现了突出的某些预兆，但并不立即突出，过一段时间后才发生突出。因此，遇到这种情况，现场人员不能犹豫不决，必须立即撤出，并佩戴好自救器。

◎真实案例

1991 年 3 月 24 日 11 点 25 分，湖南某煤矿在石门揭煤工程中因爆破误穿煤层引起煤与瓦斯突出。突出煤量约 1 945 t，阻塞巷道 300 m，涌出瓦斯逆流 1 300 m。因为该石门的回风上山没有贯通，上部采煤工作面串联通风。在发生突出事故时，现场作业人员的自救器均未能做到随身携带、及时使用，使该工作面掘进人员和上水平回风流中采煤人员共 30 名全部遇难，重伤 1 人，轻伤 9 人。

218. 发生火灾时应如何自救、互救?

在煤矿井下发生火灾时，现场作业人员应采取以下方法进行自救互救：

（1）积极扑灭初始火灾。在井下发现烟雾或明火以后，应立即组织人员使用灭火器、水和砂土等进行扑灭。火灾灾情严重时，通知附近作业人员迅速撤离现场，并就近用电话向矿调度室报告。

（2）迅速撤离火灾现场。如果不能直接灭火或采取直接灭火无效，现场人员应迅速撤离灾区，任何情况下不可盲目行动。位于火源进风侧的人员，应迎着新鲜风流撤退；位于火源回风侧的人员或是在撤退途中遇到烟气有中毒危险时，应迅速佩戴好自救器，尽快通过捷径绕到新鲜风流中；或在烟气没有到达之前，顺着风流尽快从回风出口撤到安全地点；如果距火源较近而且越过火源没有危险时，也可当机立断穿越火区撤到火源的进风侧。

在有烟雾的巷道里撤退时，应尽量躬着腰，低着头前进。如烟雾大、视线不清或温度高时，则应尽量贴着巷道底板和两帮，摸着铁道或管道、棚腿等爬行撤退。在高温浓烟的巷道里撤退时，还应注意利用巷道中的水浸湿毛巾、衣服或向身上浇水等办法进行降温，或利用随身物件遮挡头、面部，以防高温烟气的刺激等。在倾斜巷道撤退时，还要随时注意观察巷道和风流变化情况，以防火风压使风流发生逆转造成伤害。

当发现有发生爆炸的征兆时，应立即避开正面巷道，进入躲避硐室内，迅速佩戴自救器。如果情况紧急，应背向爆源，靠巷道一帮俯卧在地向外爬行。倘若巷道侧有水沟，应立即滚入水中，屏住呼吸将头面浸入水中。

（3）妥善避灾，等待救援。当井下发生火灾后，如果撤退受到火焰、高温烟雾的危害时，或者巷道受冒顶、积水阻塞无法通过时，都应立即进入避灾硐室暂避；如果附近没有避灾硐室，应在烟雾来袭之前，选择合适地点，利用现场条件建造临时避灾硐室，进行自救、互救和现场急救；如果附近装有压风自救系统、压风机供气和供水管道或运转的局部通风机，要利用它们呼吸新鲜空气，但要注意防寒保暖。

（4）局部控制风流，减轻火情。当发生矿井火灾后，现场作业人员应利用附近条件实现局部反风、风流短路、对风流方向和风量大小进行调整控制，以达到减轻火灾危害和接近火源进行灭火。同时，要随时注意观察巷道风流变化，若遇火风压造成风流逆转，威胁避灾安全时，必须马上转移到其他安全地点。

◎**真实案例**

某年4月14日，辽宁省抚顺某煤矿在处理—480 m水平507采区5道斜管子道高顶浮煤自然发火时，从9点30分开始灭火到10点50分发生第一次瓦斯爆炸，整个采区人员没有撤出，至19点07分连续发生4次瓦斯爆炸，致使83人死亡。

219. 独头巷道发火时应采取哪些避灾自救措施?

(1) 独头掘进巷道火灾多因电器故障或违章爆破造成，其特点是发火突然，但初起火源一般不大，发现后应及时采取有效、果断的措施扑灭。

(2) 掘进巷道一般采用局部通风机进行压入式通风。风筒一旦被烧，工作面通风就被截断，人员逃生的出路也被切断。因此，巷道着火后，位于火源里侧的人员，应尽一切可能穿过火源撤至火源外侧，然后再根据实际情况确定灭火或撤退方法。

(3) 人员被火灾堵截无法撤退到火源外侧时，应在保证安全的前提下，尽一切可能迅速拆除引燃的风筒，撤除部分木支架(在不引起冒顶的情况下)及一切可燃物，切断火灾向人员所在地点蔓延的通路。然后，迅速构筑临时避难硐室，并严加封堵，防止有害烟气侵入。若巷道内有压风管道，可放压气用以避灾自救。若有输水管道，可放水用以改善避灾条件。但在用水控制火势、阻止火灾向人员避灾地点蔓延时，应特别注意水蒸气或巷道冒顶给避灾人员带来的危害。

(4) 如果其他地区着火使独头掘进巷道的巷口被火烟封堵，人员无法撤离时，应立即用风障(可利用巷道中的风筒建造)等将巷口封闭，并建立临时避难硐室。若火烟通过局部通风机被压入巷道时，则应立即将风筒拆除。

220. 被水围困地点存有空气的条件是什么?

空气是人能否生存的首要条件。只要有空间就会有空气，被水围困人员就有了生存条件。当然，这里所说的“空气”包括两个方面的含义：是否有空气和空气质量是否符合要求。

（1）位于透水点上方或被涌水淹没地点的上方存有空气。常言道，人往高处走，水往低处流。当发生矿井透水事故时，位于透水点上方或被涌水淹没地点上方一般都有空气，对现场作业人员的生命构不成威胁。

（2）由于井下发生透水事故时一般来势凶猛，水向下奔流时将透水点下部巷道中的空气挤出，因为透水后涌水不可能充满整个巷道断面往下奔流，只要不充满整个巷道空间，就会有间隙，空气就会被挤出，直至下部巷道被水全部淹没，才不会有空气存在。所以，矿井透水时，位于透水点下方巷道，只要未被涌水全部淹没，仍然存在空气。

（3）矿井发生透水后，涌水首先将下部巷道淹没，使这些巷道没有排泄空气的间隙。但与这些巷道相连通的倾斜巷道，如果上部为独头巷道且严密不透气，即使低于外部水位时，也不会全部被水淹没，仍有被压缩的空气存在，这时躲避在这些巷道上部空间的遇险人员就具备生存必需的条件。这种情况在矿井水灾真实案例中是比较常见的。

这时千万注意，绝对不能采用打钻送风的方法。因为密闭的空间一旦与外界相通，矿井积水将沿着上山斜巷上升，直至淹没整个被水围困人员的避灾空间。

(4) 在特殊情况下，发生矿井透水事故以后，由于水势凶猛，可能夹带着一些杂料、设备和煤（矸）等物，堵塞通向下部巷道的水流通道，这时透水点下方的巷道未全部淹没，便开始淹没上部巷道，下部巷道也可能存在空气。对于这种情况，必须根据地质资料慎重研究与处理。

221. 断绝食物时人体的能量供给来源是什么?

根据研究结果，人如果不吃不喝，生命只能维持七八天，这是因为水是人体的重要组成部分和生活不可缺少的物质。人体有78%是由水组成的。水中虽然不存在具有营养价值的东西，但人在断绝食物来源的情况下，喝水可以促进人体内新陈代谢的进行，消耗体内自身储存的糖、脂肪和蛋白质，以维持人体的能量供给。

因此，井下被水围困人员只要有空气和水，生命就可以维持较长时间。一个正常男子（体重 65 kg）体内储存的可供利用的热量为 68 100 kcal，在空腹静卧时，每 24 h 消耗热量 1 400～1 800 kcal，也就是说，人体在断绝食物的情况下，如果有空气和饮用水的供给，大约能生存 38 天。

根据井下被水围困人员的亲身体会，在断绝食物的情况下，开始两三天还可以忍受，但到四五天后，就会感到饥饿难忍。为了减少饥饿的痛苦，被水围困人员往往饥不择食，什么东西都往肚子里填。有的人嚼煤块，啃木头，撕吃棉絮、布料和纸团等。

这些东西吃下去以后，能把胃撑起来，以减少饥饿的痛苦。但实际上它们并没有人体所需要的糖、脂肪和蛋白质，无营养价值，也不能被人体所吸收。有的人见到胶皮带、风筒带和电缆皮以后，就拿来放到口里咀嚼，并吞咽到肚子里。其实这些物品同样毫无营养价值，吃下去后根本消化不了。因此，吞吃这些物品只会有害无益，吃多了更是不堪设想。

过去有些煤矿井下采用畜力运输，矿井发生透水事故后，牲畜也被困在里面。牲畜肉的营养价值比较高，可以食用，但一定要注意防止食物中毒和避免过量食用。

◎真实案例

2006 年 5 月 18 日 20 点 30 分，山西省大同市某煤矿发生透水事故，涌水很快淹没了整个矿井。当时井下现场作业人员共有 266 人，其中 210 人安全上井，56 人被水围困遇难。在安全上井的现场作业人员中，有 58 人是透水后通过应急自救、互救，成功地撤离灾区自行上井的。

222. 矿井透水时应如何进行自救、互救？

井下职工在生产过程中发现任何透水预兆都必须立即停止工作，将情况向上级汇报，并及时采取安全措施。如有可能，掘进工作可采取边探边掘，探水眼必须超前掘进巷道。如果情况紧急，透水即将发生，必须立即发出警报，迅速采取果断措施，防止透水发生，并及时撤出所有水害威胁地点的人员。

（1）发生透水时，现场人员应采取一切有效措施，尽可能堵住出水口，防止事故扩大。同时报告调度室并迅速通知受水威胁地区的人员撤离。如情况紧急，水势迅猛，来不及或无法堵住出水时，现场人员应迅速组织起来，按规定的避灾路线尽快撤离险区。撤退时应从最近的路线撤至上一水平进风巷或地面。若来不及撤至上一水平进风巷或地面时，可至独头上山暂避待救。遇难人员要保持镇静，避免体力的过度消耗。同时要坚信上级领导一定会全力营救，能够安全脱险。

（2）行进中，应靠近巷道一侧，抓牢支架或其他固定物，尽量避开压力水头和泄水流，并注意防止被水中滚动的矸石和木料撞伤。

（3）如透水破坏巷道中的照明和路标，迷失行进方向时，遇险人员应朝着有风流通过的上山巷道方向撤退。

（4）在撤退沿途和所经巷道交叉口，应留设指示行进方向的明显标志，以提示救护人员注意。

（5）人员撤退到竖井，需从梯子间上去时，应遵守秩序，禁止慌乱和争抢。行动中手要抓牢，脚要蹬稳，切实注意自己和他人的安全。

（6）如唯一出口被水封堵、无法撤退时，应有组织地在独头工作面躲避，等待救护人员营救。严禁盲目潜水逃生等冒险行为。

（7）迫不得已时，可爬上巷道中高冒空间待救。老窨透水，则须在避难硐室处建临时挡墙或吊挂风帘，防止被涌出的有毒气体伤害。进入避难硐室前，应在硐室外留设明显标志。

（8）需要饮用井下水时，应选择适宜的水源，并用纱布或衣服过滤。不能随便饮用井下水，以免中毒。

◎真实案例

2005 年 4 月 24 日，吉林省蛟河市某煤矿透水事故发生后，救援人员一直全力抢救被困人员。同时，安全矿长步××带领 38 名矿工井下自救 27 h，成功获救。

事发当天，步××是和别人换班来到井下的。在 6 点多钟的时候，他突然感觉井下风特别大，大得异乎寻常。步××认为可能出事了。他一边安慰大家，一边指挥大家顺着风向寻找风口。大约走了 100 m 左右，水流突然涌现，步××赶紧指挥大家向回风口撤退。就在矿工们正在向回风口走时，水流突然变大，矿工们一下子被冲散了，他和 15 名矿工站在一块 5 m^2 左右的地方，相互抱着躲水。在他们身旁，大约 1.5 m 深的地下已是浊流滚滚。3 h 过去了，步××见水流渐小，便带着 15 名矿工继续向着有风的地方前进。他们这 16 个人来到了井下的大车场，并在那里遇见了另外 23 名矿工。这时大家发现通风口处的 5 个出口也全部被封死。步××把大家分成若干小组，用手扒开堵在通道里的泥土。在其中某个出口处硬是用手挖了 30 cm 多的距离，可到了后来他们实在是没力气了。步××还组织休息的人把灯熄灭了省电，大家背靠着背取暖。39 名矿工的努力为救援赢得了时间，最终成功获救。

223. 矿井透水被围困时应如何自救、互救？

（1）当现场人员被涌水围困无法退出时，应迅速进入预先筑好的避难硐室中避灾，或选择合适地点快速建筑临时避难硐室避灾。如系老空透水，则须在避难硐室处建临时挡墙或吊挂风帘，防止被涌出的有害气体伤害。进入避难硐室前，应在硐室外留设明显标志。

（2）在避灾期间，遇险矿工要有良好的精神状态，情绪安定、自信乐观、意志坚强。要坚信上级领导一定会组织人员快速营救；坚信在班组长和有经验老工人的带领下，一定能够克服各种困难，共渡难关，安全脱险。要做好长时间避灾的准备，除轮流担任岗哨观察水情的人员外，其余人员均应静卧，以减少体力和氧气消耗。

（3）避灾时，应用敲击的方法有规律、间断地发出呼救信号，向营救人员指示躲避处的位置。

（4）被困期间断绝食物后，即使在饥饿难忍的情况下，也应努力克制自己，绝不嚼食杂物充饥。需要饮用井下水时，应选择适宜的水源，并用纱布或衣服过滤。

（5）长时间被困在井下，发觉救护人员来营救时，避灾人员不可过度兴奋和慌乱。得救后，不可吃硬质和过量的食物，要避开强烈的光线，以防发生意外。

224. 发生冒顶时有哪些自救、互救方法?

当冒顶发生时掌握以下自救、互救方法非常必要：

（1）采掘工作面出现冒顶预兆，而当时又难以采取措施防止冒顶事故发生，最好的方法就是迅速离开危险区，撤退到安全地点，特别是没有处理顶板冒落经验的作业人员更应如此。情况危急时，危险区的作业人员可躲在附近的木垛下方或靠煤壁站立，待顶板稳定后再撤至其他安全地点。

（2）当被顶板冒落矸石埋压时，要立即向外部发出求救信号，特别被矸石埋压看不见人时，只要能呼叫和行动，就应发出有规律、不间断的信号。但要注意，千万不要敲击对自己安全有威胁的物料、矸石，不要采用猛烈挣扎的方法企图脱险，要注意保护头部，保持鼻、口的畅通。

（3）当作业人员被冒顶矸石堵住无法逃出时，应维护、加固附近的支架，特别是冒顶边缘的支架，以防冒顶范围继续扩大，威胁被堵人员生命安全。千万注意不能冒险越过冒顶区企图逃生。被堵范围氧含量下降、有毒有害气体增加时，应及时佩戴好自救器。若被堵巷道铺设有压风管，应打开阀门给被堵巷道空间输送新鲜空气，并稀释瓦斯和其他有毒有害气体，但要注意保暖。有条件时，应利用现场材料采取积极自救的方法，组织人员疏通脱险通道，实现自行安全脱险，或者配合外部的营救工作，为提前脱险创造条件。

225. 井下避灾的要点是什么？

大量事实证明，当矿井发生灾害事故后，矿工在万分危急的情况下，依靠自己的智慧和力量，积极、正确地采取自救、互救措施，是最大限度地减少事故伤亡和损失的有效方法。因此，每名矿工和下井工作人员，必须根据本人工作环境的特点，认识和掌握常见灾害事故的规律，了解事故发生前的预兆，通过学习牢记各种事故的避灾要点，提高自身的抗灾能力。在井下灾区避灾的要点是：

（1）选择适宜的避灾地点。

(2) 保持良好的精神状态。

(3) 加强安全防护。

(4) 改善避灾地点的生存条件。

(5) 积极同救护人员取得联系。

(6) 积极配合救护人员的抢救工作。

226. 为什么要做好现场急救工作?

为了尽可能地减轻伤员痛苦，防止伤情恶化和并发症的发生，挽救濒临死亡伤员的生命，必须做好现场急救工作。

据统计资料，现场急救做得好，可减少20%伤员的死亡；人员受伤后，2 min内进行急救的成功率可达70%；4～5 min内进行急救的成功率可达43%；15 min以后进行急救的成功率则较低。

现场急救的关键在于“急”。因为煤矿井下现场一般距离矿医院或井下保健站都较远，专业的医疗人员或保健人员到达现场需要一段时间，而现场作业人员对伤员进行急救，就能达到及时、有效的目的。因此，在煤矿现场做好急救工作，关系到伤员生命的安危和健康的恢复，是煤矿安全生产中的一件大事。

227. 现场受伤人员的急救原则和急救技术是什么?

(1) 现场急救应遵循的原则。井下受伤人员现场急救应遵循“三先三后”的原则，即对窒息或心跳、呼吸停止不久的伤员，必须先复苏后搬运；对出血的伤员，必须先止血后搬运；对骨折的伤员，必须先固定后搬运。

（2）现场创伤急救技术。现场创伤急救技术包括：

1）人工呼吸。

2）心脏复苏。

3）止血。

4）创伤包扎。

5）骨折临时固定。

6）伤员搬运。

228. 人工呼吸有几种方法?

人工呼吸适用于触电休克、溺水、有害气体中毒窒息或外伤窒息等引起的呼吸停止、假死状态者。如果停止呼吸不久大都能用人工呼吸的方法进行抢救。

在实施人工呼吸前，先要将伤员运送到安全、通风良好的地方，将领口解开，腰带放松，注意保护体温。腰背部要垫上软的衣服等，使胸部扩张。应先清除口中脏物，把舌头拉出或压住，防止堵住喉咙，妨碍呼吸。各种有效的人工呼吸必须在呼吸畅通的前提下进行，才能获得成功。人工呼吸常用的方法有以下几种：

（1）口对口吹气法。口对口吹气法是效果最好、操作最简单的一种方法。操作前使伤员仰卧，救护者在其头的一侧，一手托起伤员下颌，将下唇稍微拉开使口稍张，并尽量使其头部后仰，另一手将其鼻孔捏住，以免吹气时，从鼻孔漏气；自己深吸一口气，紧对伤员的口将气吹入，造成吸气，然后松开捏鼻的手，并用一手压其胸部以帮助呼气，如此有节律地、均匀地反复进行，每分钟应吹气 14～16 次，注意吹气时切勿过猛、过短，也不宜过长，以占一次呼吸周期的 1/3 为宜。

（2）仰卧按压胸法。让伤员仰卧，救护者跨跪在伤员大腿两侧，两手拇指向内，其余四指向外伸开，平放在其胸部两侧乳头之下，借助半身重力压伤员胸部，挤出肺内空气；然后，救护者身体后仰，除去压力，伤员胸部依其弹性自然扩张，使空气吸入肺内，如此有节律地进行，要求每分钟压胸部 16～20 次。此法不适用于胸部外伤或 SO_2、NO_2 中毒者，也不能与胸外心脏按压法同时进行。

（3）俯卧按压背。此法与仰卧按压胸部法操作大致相同，只是伤员俯卧，救护者跨跪在伤员大腿两侧，此法对溺水急救较为适合，因为，这样做便于排出肺内水分。

229. 如何对伤员进行心脏复苏？

（1）心前区叩击术。手握拳在距离胸部上方 30 mm 高度向胸骨下段部位叩击，注意叩击力度。在连续叩击 3～5 次后，应观察脉搏和心音，若恢复则表示复苏成功；反之，应立即改为胸外心脏按压术。

（2）胸外心脏按压术：

1）将伤员仰卧，急救者手掌面与前臂垂直，双手重叠置于伤员胸骨 1/3 处，有节奏地、冲击式地向脊柱方向用力按压，使胸骨压下 3～4 cm。

2）按压后迅速抬手使胸骨复位，以利于心脏的舒张。

以上步骤每分钟 60～80 次，有节奏、均匀地反复进行，直至心脏恢复自主跳动为止。此法应与口对口人工呼吸同时进行，一般每按压心脏 4 次，口对口吹气 1 次。

230. 对伤员进行止血有哪几种方法?

(1) 对出血人员的识别。根据血液颜色和流出状态可分三种出血：

1) 动脉出血，血液是鲜红的，而且从伤口向外喷射。

2) 静脉出血，血液是暗红的，血流缓慢而均匀。

3) 毛细血管出血，血液呈红色，像水珠从伤口流出。

(2) 对出血人员的急救。对出血人员的急救主要有以下几种方法：

1) 指压止血法。

2) 加垫屈肢止血法。

3) 止血带止血法。

4) 加压包扎止血法。

231. 如何对伤员进行创伤包扎?

(1) 创伤包扎注意事项：

1) 包扎时，应做到动作迅速、敏捷，不可触碰伤口，以免引起出血、疼痛和感染。

2) 不能用井下的污水冲洗伤口。伤口表面的异物（如煤块、矸石等）应去除，但深部异物需运至医院取出，防止重复感染。

3) 包扎动作要轻柔、松紧度要适宜，结头不要打在伤口上，应使伤员体位舒适，绷扎部位应维持在功能位置。

4）脱出的内脏不可纳回伤口，以免造成体腔内感染。

5）包扎范围应超出伤口边缘 5～10 cm。

（2）创伤包扎的方法：

1）环形包扎法。该法适用于头部、颈部、腕部及胸部、腹部等处。将布条做环形重叠缠绕肢体数圈后即成。

2）螺旋包扎法。该法用于前臂、下肢和手指等部位的包扎。先用环形法固定起始端，把布条渐渐地斜旋上缠或下缠，每圈压前圈的一半或 1/3，呈螺旋形，尾部在原位上缠 2 圈后予以固定。

3）螺旋反折包扎法。该法多用于粗细不等的四肢包扎。开始先做螺旋形包扎，待到渐粗的地方，以一手拇指按住布条上面，另一手将布条自该点反折向下，并遮盖前圈的一半或 1/3。各圈反折须排列整齐，反折头不宜在伤口和骨头突出部分。

4）“8”字包扎法。该法多用于关节处的包扎。先在关节中部环形包扎两圈，然后以关节为中心，从中心向两边缠，一圈向上，一圈向下，两圈在关节屈侧交叉，并压住前圈的 1/2。

232. 如何进行骨折固定?

（1）骨折固定应注意事项。对骨折者，首先用毛巾或衣服作衬垫，然后就地取用木棍、木板、竹笆片等材料做成临时夹板，将受伤的肢体固定后抬送医院。对受挤压的肢体，不得按摩、热敷或绑止血带，以免加重伤情。

（2）骨折固定方法：

1）上臂骨折。于患侧腋窝内垫以棉垫或毛巾，在上臂外侧安放垫衬好的夹板或其他代用物，绑扎后，使肘关节屈曲 90°，将患肢捆于胸前，再用毛巾或布条将其悬吊于胸前。

2）前臂及手部骨折。用衬好的两块夹板或代用物，分别置放在患侧前臂及手的掌侧及背侧，以布带绑好，再以毛巾或布条将臂吊于胸前。

3）大腿骨折。用长木板放在患肢及躯干外侧，半髋关节、大腿中段、膝关节、小腿中段、踝关节同时固定。

4）小腿骨折。用长，宽合适的木夹板 2 块，自大腿中段至踝关节分别在内、外两侧捆绑固定。

5）骨盆骨折。用衣物将骨盆部包扎住，并将伤员两下肢互相捆绑在一起，膝、踝间加以软垫，曲髋、曲膝。要多人将伤员仰卧平托在木板担架上。有骨盆骨折者，应注意检查有无内脏损伤及内出血。

6）锁骨骨折。以绷带做“∞”形固定，固定时双臂应向后伸。

233. 如何搬运伤员？

井下条件复杂，道路不畅，转运伤员要尽量做到轻、稳、快。没有经过初步固定、止血、包扎和抢救的伤员，一般不应转运。搬运时，应做到不增加伤员痛苦，避免造成新的损伤及合并伤。搬运时应注意以下事项：

（1）呼吸、心跳骤停及休克昏迷伤员应先及时复苏，再搬运。

（2）对昏迷或窒息伤员，要把肩部稍微垫高，使头部后仰，面部偏向一侧或采用侧卧和偏卧位，以防胃内呕吐物或舌头后坠堵塞气管而造成窒息，注意随时都要确保呼吸道通畅。

（3）一般伤员可用担架、木板、风筒、刮板输送机槽、绳网等运送，但脊柱损伤和骨盆骨折的伤员应用硬板担架运送。

（4）对一般伤员均先行止血、固定、包扎等初步救护后，再进行转运。

（5）一般外伤伤员，可平卧在担架，伤肢抬高；胸部外伤的伤员可取半坐位；有开放性气胸者，需封闭包扎后，才可转运；腹腔部内脏损伤的伤员，可平卧，用宽布带将腹腔部捆在担架上，以减轻痛苦及出血。骨盆骨折的伤员可仰卧在硬板担架上，曲髋、曲膝、膝下垫枕或衣物，用布带将骨盆捆在担架上。

（6）搬运胸、腰椎损伤的伤员时，先把硬板担架放在伤员旁，由专人照顾患处，另有两三人在保持伤员脊柱伸直情况下，用力轻轻将伤员推滚到担架，推动时用力大小、快慢要保持一致，要保证伤员脊柱不弯曲。伤员在硬板担架上取仰卧位，受伤部位垫上薄垫或衣物，使脊柱呈过伸位，严禁坐位或肩背式搬运。

（7）对脊柱损伤的伤员，要禁止让其坐起、站立和行走，也不能用一人抬头、一人抱腿或人背的方法搬运，因脊柱损伤后，再弯曲活动时，有可能损伤脊髓而造成伤员截瘫甚至死亡，所以，在搬运时要十分小心。

（8）转运时应让伤员的头部在后面，随行救护人员要时刻注意伤员的面色、呼吸、脉搏，必要时要及时抢救。随时注意观察伤口是否继续出血、固定是否牢靠，出现问题要及时处理。走上、下山时，应尽量保持担架的平衡，防止伤员从担架上翻滚下来。

234. 如何对中毒或窒息人员进行急救？

急救中毒或窒息人员时应进行以下四点内容：

（1）迅速把中毒或窒息人员抬运到有新鲜风流和周围支架完好的地方。在搬运途中，如仍受到有害气体威胁，急救者一定要佩戴好自救器，伤员也应戴上自救器。

（2）尽快将伤员口、鼻内妨碍呼吸的黏液、血块、碎煤石等杂物除去，并将其上衣、腰带解开，脱掉胶鞋，同时对其进行保暖，用棉袄、棉被等盖住身体，以免受寒。

（3）对中毒或窒息人员，如果呼吸微弱或已停止，应采取人工呼吸；如果心脏停止跳动应采取胸外心脏按压或两种方法同时进行，以恢复其呼吸和心跳。

（4）施救者在现场急救中一定要沉着、迅速，在进行急救的同时，可请求矿上派医生前来救治。

235. 如何对烧伤人员进行急救？

烧伤急救要点概括为“灭、查、防、包、送”五个字。

（1）“灭”。扑灭伤员身上的火，使其尽快脱离热源，缩短烧伤时间。

（2）“查”。检查伤员呼吸、心跳情况；检查是否有其他外伤或有害气体中毒；对爆炸冲击烧伤人员，应注意有无颅脑或内脏损伤、呼吸道烧伤。

（3）“防”。要防止伤员休克、窒息、创面污染。因疼痛发生休克或发生急性喉头梗阻而窒息时，可进行人工呼吸等急救；为减少创面污染，在现场检查和搬运伤员时，可不剪开或脱掉伤员的衣服。

（4）“包”。用较干净的衣服把伤员包裹起来，防止感染。在现场除化学烧伤可用大量流动的清水冲洗外，对创面一般不作处理，尽量不弄破水泡以保持表皮。

（5）“送”。将严重伤员迅速送往医院。

236. 如何对触电者进行急救？

急救触电者应进行以下五个步骤：

（1）立即切断电源，或使触电者脱离电源。如果离电源开关较近，要迅速断开开关停电；如停电开关较远，要用干木棍把电线从触电者身上挑开，挑开的电线应妥当放置，以免伤及他人。千万不可用斧子砍断电缆，因为这样可能使急救者触电或产生电火花引起爆炸事故。

（2）伤员脱离电源后，要将其抬到新鲜风流中，根据不同情况立即进行抢救。如发现已停止呼吸或心音微弱，应立即进行人工呼吸或胸外心脏按压；若呼吸和心跳都已停止时，应同时进行人工呼吸和胸外心脏按压。触电者有的会长时间“假死”，因此，一定要充满信心，坚持施救直至其复苏或不幸死亡为止。

（3）遭受电击者，如有其他损伤（如跌伤、烧伤、出血等），应作相应的急救处理。局部电击伤的伤口应进行早期清创处理，创面宜暴露，不可包扎，以防组织腐烂、感染。要保持伤口干燥，不可用水清洗创面。

（4）抢救触电者动作要迅速。急救者不要在未脱离电源时直接触及触电者或电线，更不能用手或用湿棍、铁棍去使其脱离电源，以防自己触电。

（5）触电者恢复了心跳和呼吸，伤情稳定后，应在医务人员的监护下升井送往医院进行治疗和休养。

237. 如何对溺水者进行急救？

急救溺水者应注意做好以下四个步骤：

（1）转送。把溺水者从水中救出来以后，立即转送到比较温暖和空气流通的安全地点，松开腰带，脱掉湿衣，盖上干衣以免受寒。

（2）检查。以最快的速度检查溺水者的口、鼻，撬开嘴清除堵在里面的泥沙、煤石等物，并把舌头拉出，使其呼吸道畅通。

（3）控水。将溺水者俯卧，用枕头、衣服等垫在肚子下面；或急救者半跪，将其腹部放在急救者的大腿上或膝盖上，头部下垂，并不断压其背部；或抱其肚部，使其臀部向上、头部下垂；或用肩扛其腹部，快速奔跑或不断上下耸肩。通过以上等方法使其肚子里的积水从气管、口腔中流出。

（4）人工呼吸。如果溺水者呼吸已停止，要立即进行人工呼吸；如果呼吸、心跳均停止，要立即进行胸外心脏按压，同时进行口对口人工呼吸。另外，还要注意进行合并伤的急救处理，如止血、包扎和骨折临时固定等。

238. 现场急救井下长期被困人员应注意哪些安全事项?

在冒顶、爆炸、透水等事故发生时，都可能有井下作业人员围困在现场或躲在安全地点避难，有的几小时，有的几天甚至几十天。对井下长期被困人员现场急救应注意以下安全事项：

（1）在井下发现长期被困人员时，禁止用矿灯直接照射其双眼；在搬运过程中应用毛巾、衣服等将其双眼蒙住，待恢复正常时方可升井接触自然光线，否则可能造成失明。

（2）井下长期被困人员脱险后，不应立即抬运井上，应将其安置在井口附近的安全地点，并注意保暖，待其体温、脉搏、呼吸、血压稍有好转以及情绪稳定后，方可升井送往医院救治和疗养。

（3）长期被困人员脱险后不能进硬食，更不能暴饮暴食，应吃一些稀、软易消化的食物，且少吃多餐，以使胃肠功能逐渐恢复。

（4）在治疗初期要劝阻亲属前来探望，避免被困人员获救后过度兴奋，情绪激动，产生不良刺激，甚至发生意外。

239. 如何对冒顶埋压伤员进行现场急救?

冒顶发生后，被大煤矸石、支柱等重物埋、压的伤员，由于受到长时间挤压，会造成肌肉组织缺血坏死，进而引起肾脏损坏而发生肾功能衰竭等症状，因此，必须尽快扒出，扒出后立即进行必要的现场急救。

（1）抢扒被冒顶埋压的伤员时不要损伤人体。如果石块较大，无法搬动，可用千斤顶等工具抬起拨开，绝对不可用镐刨或铁锤砸打，更不能用爆破的方法崩碎。

（2）如果确知被冒顶埋压的伤员头部位置，应迅速扒出头部。头部扒出后，要立即清除口腔、鼻腔的污物，使其呼吸道畅通。

（3）如果救出的伤员有外伤，要将其抬到安全地点后，尽快脱掉或撕开衣服，先止血，缠上绷带。包扎时，如果伤口有煤渣，不要用水洗，避免手直接触及伤口，更不可用脏布包扎。

（4）如果救出的伤员有骨折，应用夹板固定，受挤压的肢体不允许按摩、热敷或上止血带。条件允许时可吃点止痛药和消炎药，但注意头部和腹部受伤时不可服药和喝开水，以防误诊。

（5）如果救出的伤员呼吸困难或呼吸已经停止，要立即进行人工呼吸抢救；若心脏也已经停止跳动，应进行心脏按压，促使其恢复心跳。

240. 如何初步判断伤情?

井下发生灾害事故时，一旦出现一批伤员，一般是先抢救危重伤员，然后再抢救受伤较轻的伤员；即使只有一名伤员，判断其伤情轻重，对迅速、准确和有效地完成伤员现场急救工作，也有着重要意义。

（1）伤情判断四大体征：

1）心跳。正常人每分钟心跳60～80次，严重创伤、大出血的伤员心跳大多数增快。

2）呼吸。正常人每分钟呼吸 60－80 次。

3）瞳孔。正常人两眼瞳孔是等大、等圆的，遇到光线能迅速收缩变小。严重颅脑损伤的伤员，两眼瞳孔不一般大，用电筒光线刺激，不收缩或反应迟钝。

4）神志。正常人神志清醒，对外来刺激能引起反应；伤势较重的伤员，神志模糊或出现昏迷，对外来刺激可能没有反应。

（2）伤员分类和现场急救要点。根据伤情的轻重，大致可以将伤员分为四类，各类的现场急救方法如下。

1）轻伤员。凡伤员出现软组织受伤，如擦伤、裂伤和一般挫伤现象均属于轻伤员。这类伤员大多数能自己行走，可经现场简单施救后即可去休息，不必送往医院进行抢救治疗。

2）重伤员。凡伤员发生骨折和脱位、严重挤压伤、大面积软组织挫伤、内脏损伤等现象均属于重伤员。对此类伤员多数需要进行手术治疗。需要马上手术的必须立即护送到医院进行手术；可以暂缓手术的，要密切注意预防休克。

3）危重伤员。凡伤员出现外伤性窒息和心跳骤停、呼吸困难、深度昏迷、严重休克和大量出血等现象均属于危重伤员。对此类伤员必须立即进行抢救，并在严密观察和继续抢救的同时，立即护送到医院进行抢救治疗和休养。

4）死亡伤员。伤员受伤后，要认真判断是“真死”还是“假死”，不能放弃任何一点儿抢救的希望。判断真正死亡的方法是：

①自主呼吸停止。

②瞳孔扩散，无反射能力。

③血液停止循环，脉搏、心脏停止跳动。

④深度不可逆昏迷和大脑全无反应，所有的神经反射消失。

⑤肢体僵硬，背部出现赤灰色斑点。

主要参考文献

1. 国家安全生产监督管理总局，国家煤矿安全监察局. 煤矿安全规程. 北京：煤炭工业出版社，2010

2. 国家安全生产监督管理总局，国家煤矿安全监察局. 煤矿防治水规定. 北京：煤炭工业出版社，2009

3. 李定远. 煤矿重大安全生产隐患认定及治理. 北京：中国三峡出版社，2006

4. 国家安全生产监督管理总局矿山救援指挥中心. 《矿山救护规程》解读. 徐州：中国矿业大学出版社，2008

5. 中国煤炭工业协会编. 《煤矿安全质量标准化标准及考核评级办法（试行）》执行说明. 北京：煤炭工业出版社，2009

6. 国家安全生产监督管理总局，国家煤矿安全监察局. 防治煤与瓦斯突出规定. 北京：煤炭工业出版社，2009

7. 国家煤矿安全监察局人事培训司组织编写. 掘进工. 徐州：中国矿业大学出版社，2003

8. 国家安全生产监督管理总局宣传教育中心编. 掘进机司机. 徐州：中国矿业大学出版社，2009

9. 中国煤炭工业劳动保护科学技术学会组织编写. 煤矿工人安全技术操作规程指南（合订本）. 北京：煤炭工业出版社，2006